普通高等院校测绘课程系列规划教材

工程测量实习指导

主　编　邓明镜　吴　寒

副主编　刘国栋　徐金鸿　柯宏霞

西南交通大学出版社
·成　都·

内容提要

本书是主要针对测绘专业的普通测量学及非测绘专业的工程测量课程而编制的课间实验及集中实习指导。书中共有 25 个课间实验和集中实习的相关内容，读者可根据学时数选做其中的一些实验。本书可作为测绘专业和土建类相关专业学生学习测量相关课程时的实验或实习参考。

图书在版编目（CIP）数据

工程测量实习指导 / 邓明镜，吴寒主编. -- 成都：
西南交通大学出版社，2025. 3. -- ISBN 978-7-5774
-0354-0
Ⅰ. TB22
中国国家版本馆 CIP 数据核字第 20257ZJ125 号

Gongcheng Celiang Shixi Zhidao

工程测量实习指导

主　编／邓明镜　吴　寒

策划编辑／秦　薇
责任编辑／秦　薇
特邀编辑／邓小兰
封面设计／原谋书装

西南交通大学出版社出版发行
（四川省成都市金牛区二环路北一段 111 号西南交通大学创新大厦 21 楼　610031）
营销部电话：028-87600564　028-87600533
网址：https://www.xnjdcbs.com
印刷：郫县犀浦印刷厂

成品尺寸　185 mm×260 mm
印张　8.25　字数　205 千
版次　2025 年 3 月第 1 版　印次　2025 年 3 月第 1 次

书号　ISBN 978-7-5774-0354-0
定价　29.80 元

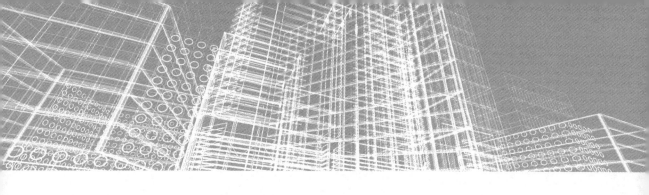

前　言

PREFACE

　　工程测量是一门实践性很强的专业主干课，教学实习是工程测量教学中不可缺少的环节。在工程测量全部教学活动中，实习占有相当大的比重，它是培养学生动手能力和独立工作能力的主要手段。只有通过实习和对测量仪器的亲自操作，进行安置、观测、记录、计算、写作实验报告等，才能真正掌握控制测量学课程的基本方法和基本技能。

　　工程测量实习包括课间实验教学和集中实习两部分。前者的时间安排较为分散（穿插在课堂教学之间），内容比较单一，侧重于学生动手能力的培养；后者的时间安排比较集中（安排在课堂教学内容全部结束后进行，一般规定三周左右的时间），各项作业内容融为一体，包含控制测量、大比例尺地形图的测绘等作业的全过程，是一次系统性、综合性的生产性质实习，主要培养学生独立工作的能力。

　　本书共分三大部分，分别是测量实验、实习须知，课间实验指导和集中实习，包含验证性、演示性、综合设计性实验。

　　由于编者水平有限，书中错漏之处在所难免，敬请各位读者批评指正，非常感谢！

编　者

2025 年 2 月

目　录

CONTENTS

第一章　测量实验、实习须知 ……………………………………………… 001

第二章　课间实验指导 ……………………………………………………… 006

第一节　测量仪器的认识与检验校正 …………………………………… 007

实验一　水准仪的认识和使用 …………………………………… 007

实验二　水准仪的检验与校正 …………………………………… 014

实验三　经纬仪的认识与使用 …………………………………… 019

实验四　经纬仪的检验与校正 …………………………………… 024

实验五　全站仪的认识与使用 …………………………………… 033

实验六　GNSS 接收机的认识与使用 …………………………… 037

第二节　高程测量 …………………………………………………… 041

实验一　普通水准路线测量 ……………………………………… 041

实验二　四等水准测量 …………………………………………… 046

实验三　三角高程测量 …………………………………………… 050

实验四　卫星定位高程测量 ……………………………………… 053

实验五　已知高程测设 …………………………………………… 056

第三节　角度测量 …………………………………………………… 058

实验一　测回法测水平角 ………………………………………… 058

实验二　方向观测法测水平角 …………………………………… 061

实验三　竖直角测量 ……………………………………………… 064

第四节　距离测量 …………………………………………………… 067

实验一　钢尺量距 ………………………………………………… 067

实验二　视距测量 ………………………………………………… 069

第五节　坐标测量 ·· 072

实验一　全站仪三维坐标测量 ······························· 072

实验二　全站仪三维坐标放样 ······························· 076

实验三　GNSS 网络 RTK 坐标测量 ······················· 079

第六节　工程测量 ·· 081

实验一　线路纵断面测量 ···································· 081

实验二　线路横断面测量 ···································· 084

实验三　圆曲线主点测设 ···································· 087

实验四　偏角法圆曲线详细测设 ··························· 090

实验五　切线支距法圆曲线详细测设 ····················· 094

实验六　数字化地形图绘制 ································· 098

第三章　集中实习 ··· 104

第一节　控制测量实习 ·· 105

第二节　大比例尺地形图测量 ·· 112

参考文献 ·· 123

附　录 ·· 124

01

第一章

测量实验、
实习须知

一、测量实习规定

（1）在实习之前，必须复习教材中的有关内容，认真仔细地预习本书，以明确目的，了解任务，熟悉实习步骤或实习过程，注意有关事项，并准备好所需文具用品。

（2）实习分小组进行，组长负责组织协调工作，办理所用仪器工具的借领和归还手续。

（3）实习应在规定的时间进行，不得无故缺席或迟到早退；应在指定的场地进行，不得擅自改变地点或离开现场。

（4）必须遵守本书列出的"测量仪器工具的借领与使用规则"和"测量记录与计算规则"。

（5）服从教师的指导，严格按照本书的要求认真、按时、独立地完成任务。每项实习都应取得合格的成果，提交书写工整、规范的实习报告或实习记录，经指导教师审阅同意后，才可交还仪器工具，结束工作。

（6）在实习过程中，还应遵守纪律，爱护现场的花草、树木和农作物，爱护周围的各种公共设施，任意砍折、踩踏或损坏者应予赔偿。

二、测量仪器工具的借领与使用规则

对测量仪器工具的正确使用、精心爱护和科学保养，是测量人员必须具备的素质和应该掌握的技能，也是保证测量成果质量、提高测量工作效率和延长仪器工具使用寿命的必要条件。在仪器工具的借领与使用中，必须严格遵守下列规定。

1. 仪器工具的借领

（1）实习时凭学生证到仪器室办理借领手续，以小组为单位领取仪器工具。

（2）借领时应该当场清点检查：实物与清单是否相符；仪器工具及其附件是否齐全；背带及提手是否牢固；脚架是否完好等。如有缺损，可以补领或更换。

（3）离开借领地点之前，必须锁好仪器并捆扎好各种工具。搬运仪器工具时，必须轻取轻放，避免剧烈震动。

（4）借出仪器工具之后，不得擅自与其他小组调换或转借。

（5）实习结束，应及时收装仪器工具，送还借领处检查验收，办理归还手续。如有遗失或损坏，应写出书面报告说明情况，并按有关规定给予赔偿。

2. 仪器的安置

（1）在三脚架安置稳妥之后，方可打开仪器箱。开箱前应将仪器箱放在平稳处，严禁托在手上或抱在怀里。

（2）打开仪器箱之后，要看清并记住仪器在箱中的安放位置，避免以后装箱困难。

（3）提取仪器之前，应先松开制动螺旋，再用双手握住支架或基座，轻轻取出仪器放在三脚架上，保持一手握住仪器，一手拧连接螺旋，最后旋紧连接螺旋，使仪器与脚架连接牢固。

（4）装好仪器之后，注意随即关闭仪器箱盖，防止灰尘和湿气进入箱内。严禁坐在仪器箱上。

3. 仪器的使用

（1）仪器安置之后，不论是否操作，必须有人看护，防止无关人员搬弄或行人、车辆碰撞。

（2）在打开物镜时或在观测过程中，如发现灰尘，可用镜头纸或软毛刷轻轻拂去，严禁用手指或手帕等物擦拭镜头，以免损坏镜头上的镀膜。观测结束后应及时套好镜盖。

（3）转动仪器时，应先松开制动螺旋，再平稳转动。使用微动螺旋时，应先旋紧制动螺旋。

（4）制动螺旋应松紧适度，微动螺旋和脚螺旋不要旋到顶端，使用各种螺旋都应均匀用力，以免损伤螺纹。

（5）在野外使用仪器时，应该撑伞，严防日晒雨淋。

（6）在仪器发生故障时，应及时向指导教师报告，不得擅自处理。

4. 仪器的搬迁

（1）在行走不便的地区迁站或远距离迁站时，必须将仪器装箱之后再搬迁。

（2）短距离迁站时，可将仪器连同脚架一起搬迁。其方法是：先取下垂球，检查并旋紧仪器连接螺旋，松开各制动螺旋使仪器保持初始位置（经纬仪望远镜物镜对向度盘中心，水准仪的水准器向上）；再收拢三脚架，左手握住仪器基座或支架放在胸前，右手抱住脚架放在肋下，稳步行走。严禁斜扛仪器，以防碰摔。

（3）搬迁时，小组其他人员应协助观测员带走仪器箱和有关工具。

5. 仪器的装箱

（1）每次使用仪器之后，应及时清除仪器上的灰尘及脚架上的泥土。

（2）仪器拆卸时，应先将仪器脚螺旋调至大致同高的位置，再一手扶住仪器，一手松开连接螺旋，双手取下仪器。

（3）仪器装箱时，应先松开各制动螺旋，使仪器就位正确，试关箱盖确认放妥后，再拧紧制动螺旋，然后关箱上锁。若合不上箱口，切不可强压箱盖，以防压坏仪器。

（4）清点所有附件和工具，防止遗失。

6. 测量工具的使用

（1）钢尺的使用：应防止扭曲、打结和折断，防止行人踩踏或车辆碾压，尽量避免尺身着水。携尺前进时，应将尺身提起，不得沿地面拖行，以防损坏刻划。用完钢尺应擦净、涂油，以防生锈。

（2）皮尺的使用：应均匀用力拉伸，避免着水、车压。如果皮尺受潮，应及时晾干。

（3）各种标尺、花杆的使用：应注意防水、防潮，防止受横向压力，不能磨损尺面刻划的漆皮，不用时安放稳妥。使用塔尺还应注意接口处的正确连接，用后及时收尺。

（4）测图板的使用：应注意保护板面，不得乱写乱扎，不能施以重压。

（5）小件工具如垂球、测钎、尺垫等的使用，应用完即收，防止遗失。

（6）一切测量工具都应保持清洁，专人保管搬运，不能随意放置，更不能作为捆扎、抬、担的它用工具。

三、测量记录与计算规则

测量记录是外业观测成果的记载和内业数据处理的依据。测量数据的记录、计算，在当前技术水平下有三种方式：人工观测人工记录、人工观测电子记录和人工辅助观测自动记录。针对人工观测人工记录方式而言，是实验教学和实习教学中对学生的要求，在测量记录或计算时必须严肃认真，一丝不苟，严格遵守下列规则：

（1）在测量记录之前，准备好硬芯（2H 或 3H）铅笔，同时熟悉记录表上各项内容及填写、计算方法。

（2）记录观测数据之前，应将记录表头的仪器型号、日期、天气、测站、观测者及记录者姓名等无一遗漏地填写齐全。

（3）观测与记录工作做到"边观测、边读数、边记录、边回诵、边计算、边检核"。观测者读数后，记录者应随即在测量记录表上的相应栏内填写，并复诵回报以资检核，以防听错、记错。不得另纸记录事后转抄。记录、计算和检核，均在观测现场完成。与技术限差进行比较，不超限则进行下一步；超限则返工重测。

（4）记录时要求字体端正清晰，数位对齐，数字对齐。字体的大小一般占格宽的 1/2 ~ 1/3，字脚靠近底线。

（5）表示精度或占位的"0"均不可省略。水准测量的读数、记录必须有四位数字，如 578 应读、记为 0578；角度测量取至 1″，角度测量的读数、记录，分、秒必须有两位数字，如 23°8′7″应读、记为 23°08′07″；高差、高程、距离、坐标取位至 0.001 m（特别地，三、四等水准各测站的高差中数取至 0.5 mm）。

（6）观测数据的尾数不得更改，读错或记错后必须重测重记，例如：角度测量时，秒级数字出错，应重测该测回；水准测量时，厘米和毫米级数字出错，应重测该测站；钢尺量距时，毫米级数字出错，应重测该尺段。

（7）观测数据的前几位若出错，应用细横线划去错误的数字，并在原数字上方写出正确的数字。注意不得涂擦已记录的数据。禁止连环更改数字，例如：水准测量中的黑、红面读数，角度测量中的盘左、盘右，距离丈量中的往、返量等，均不能同时更改，否则重测。

（8）记录数据修改后或观测成果废去后，都应在备注栏内写明原因（如测错、记错或超限等）。

（9）每站观测结束后，必须在现场完成规定的计算和检核，确认无误后方可迁站。

（10）数据运算应根据所取位数，按"4 舍 6 入，5 前奇进偶舍"的规则进行凑整。例如对 1.424 4 m、1.423 6 m、1.423 5 m、1.424 5 m 这几个数据，若取至毫米位，则均应记为 1.42 4 m。

（11）应该保持测量记录的整洁，严禁在记录表上书写无关内容，更不得丢失记录表。

四、光电测距仪及全站仪使用规则

（1）光电测距仪及全站仪为特殊贵重仪器，在使用时必须有专人负责。

（2）仪器应严格防潮、防尘、防震，雨天及大风沙时不得使用。长途搬运时，必须将仪器装入减震箱内，且由专人护送。

（3）工作过程中搬移测站时，仪器必须卸下装箱，或装入专用背架，不得装在脚架上搬动。

（4）仪器的光学部分及反光镜严禁手摸，且不得用粗糙物品擦拭。如有灰尘，宜用软毛刷刷净；如有油污，可用脱脂棉蘸酒精、乙醚混合液擦拭。

（5）仪器不用时，宜放在通气、干燥、而且安全的地方。如果在野外沾水，应立即擦净、晾干，再装入箱内。

（6）仪器在阳光下使用时必须打伞，以免暴晒，影响仪器性能。

（7）发射及接收物镜严禁对准太阳，以免将管件烧坏。

（8）仪器在不用时应经常通电，以防元件受潮。电池应定时充电，但充电不宜过量，以免损坏电池。

（9）使用仪器时，操作按钮及开关，不要用力过大。

（10）使用仪器之前，应检查电池电压及仪器的各种工作状态，看是否正常，如发现异常，应立即报告指导教师，不得继续使用，更不得随意动手拆修。

（11）仪器的电缆接头，在使用前应弄清构造，不得盲目地乱拧乱拨；

（12）仪器在不工作时，应立即将电源开关关闭。

（13）学生实验使用仪器时，教师必须在场指导。

02

第二章

课间实验指导

实验 一 水准仪的认识和使用

一、目的与要求

（1）了解 DS_3 级水准仪的基本构造。

（2）熟悉 DS_3 级水准仪的各个部件及其作用。

（3）掌握 DS_3 级水准仪的安置方法和读数方法。

（4）练习用 DS_3 级微倾式水准仪测高差的方法。

（5）每 4 人 1 组，要求观测、记录计算、立尺轮换操作。

二、仪器工具

每 4 人 1 组，每组配备 DS_3 级水准仪 1 台，水准尺 2 根，尺垫 2 个，记录板 1 块。

三、实验知识要点

（一）水准仪的用途

水准仪是进行水准测量的主要仪器，它可以提供水准测量所必需的水平视线，用于测量两点之间的高差。

（二）水准仪的分类

目前通用的水准仪从构造上可分为两大类：一类是利用水准管来获得水平视线的水准管水准仪，称为"微倾式水准仪"；另一类是利用补偿器来获得水平视线的"自动安平水准仪"。此外，还有一种新型水准仪——电子水准仪或称数字水准仪，它使用条纹编码尺，利用数字图像处理的方法，由仪器自动读取条纹编码尺上的读数，并计算出高差和距离，使水准测量逐渐实现数字化和自动化。

（三）水准仪的型号

我国国产水准仪系列标准有 DS_{05}、DS_1、DS_3、DS_{20} 等不同等级的水准仪。其中"D"和

"S"分别为"大地测量"和"水准仪"的拼音首字母,自动安平水准仪在"DS"后加"Z","Z"是"自动安平"的拼音第一个字母,"05""1""3""20"为该仪器每千米往返测高差中数的中误差,单位为毫米。不同型号水准仪用途不一样,如 DS_{05} 或 DSZ_{05} 用于国家一等精密水准测量,DS_3 或 DSZ_3 为普通水准仪,用于我国国家三、四等水准及普通水准测量。

(四)水准仪的构造

不同水准仪的基本构造大致相同,本书以 DS_3 微倾式水准仪为例,主要由望远镜、水准器和基座三部分组成,各部件名称如图2-1所示。

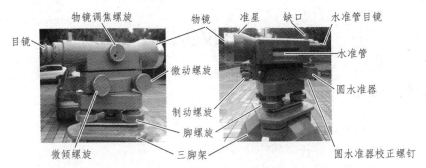

图2-1 DS_3 微倾式水准仪

1. 望远镜

作用:瞄准不同距离水准尺并进行读数,如图2-2所示。

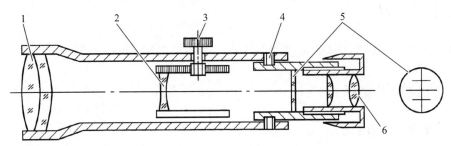

1—物镜;2—光学透镜;3—物镜调焦螺旋;4—固定螺旋;5—十字丝分划板;6—目镜。

图2-2 望远镜组成示意图

(1)十字丝:照准目标的标准线,如图2-3所示。

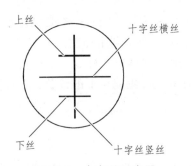

图2-3 十字丝示意图

① 十字丝横丝：用作读数时的标准线。

② 十字丝竖丝：检验塔尺是否竖直。

③ 上丝和下丝：视距测量时用于读数时的标准线。

（2）目镜调焦螺旋：调节十字丝清晰度，使十字丝清晰。

（3）物镜调焦螺旋：调节焦距，看清目标。

（4）制动螺旋：固定望远镜。

（5）微动螺旋：拧紧望远镜制动螺旋后，旋转微动螺旋，望远镜可在水平方向做微小移动。

2. 水准器

DS₃型水准仪的水准器分为管水准器（水准管）和圆水准器（水准盒）两种，它们都是供整平仪器用的，其中：

（1）圆水准器主要用于粗平。圆水准器气泡居中时，仪器粗略水平，简称粗平。

（2）管水准器主要用于精平。管水准器气泡居中时，仪器精确水平，简称精平。

3. 基 座

基座起支撑仪器和连接仪器及三脚架的作用，由轴座、三个脚螺旋和连接螺栓组成，转动脚螺旋可以调节圆水准器，使气泡居中，旋紧连接螺栓，可使仪器与三脚架连接成整体。

脚螺旋：旋转脚螺旋，可使圆水准气泡居中。

连接螺旋：旋紧连接螺旋，可使仪器与三脚架连接成整体。

（五）水准测量配套设备

（1）水准尺。水准尺是配合水准仪进行水准测量的工具，如图2-4（a）所示。

（2）尺垫。尺垫是支撑水准尺的工具。尺子竖立在尺垫上，可防止尺子下沉，转动尺子时不会改变其高程，如图2-4（b）所示。

（3）三脚架。三脚架由架头和三条架腿组成，大多采用木质或铝合金，利用其架腿固定螺旋可调节三条架腿的长度，利用连接螺旋可把仪器固定在架头上，如图2-4（c）所示。

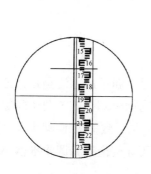 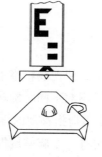 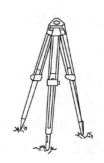

（a）塔尺示意图　　　（b）尺垫示意图　　（c）三脚架示意图

图 2-4　水准测量配套设备

（六）水准测量基本原理

水准测量是利用水平视线在水准尺上的读数来计算两点的高差，如图 2-5 所示。

（1）在地面选定 A、B 两个较坚固的点。

（2）在 A、B 两点间安置水准仪，使仪器至 A、B 两点的距离大致相等。

（3）在 A 点上竖立水准尺。瞄准 A 点上竖立的水准尺，精平后读数，此为后视读数。

（4）在 B 点上竖立水准尺。瞄准 B 点上竖立的水准尺，精平后读数，此为前视读数。

（5）计算 A、B 两点间的高差 h_{AB}：h_{AB} = 后视读数 – 前视读数。

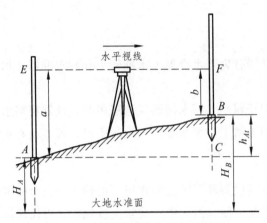

图 2-5　水准测量基本原理示意图

四、实验方法与步骤

（一）水准仪的安置

安置水准仪之前，先把三脚架调节好，使其高度适中，架头大致水平，并将脚架踩实；然后开箱取出仪器，放在架头上，用脚架上的中心螺旋将其和脚架牢固连接。

（二）水准仪的认识

结合相关参考书和本实验知识要点内容了解实验仪器型号及各部件的功能。

（三）水准仪的使用

1. 粗平仪器

粗平的目的是使圆水准气泡居中，使视线粗略水平。粗平的方法是首先把圆水准器旋转至任意两个角螺旋的中间位置，然后用双手同时旋转这两个脚螺旋（两个脚螺旋的旋转方向要相反，注意气泡移动的方向和左手大拇指移动的方向是一致的），使圆水准气泡移动到这两个脚螺旋的中间位置，最后再调节另外一个脚螺旋即可让气泡回到圆水准器小圆圈的中心，粗平完成。具体的调节方法如图 2-6 所示。

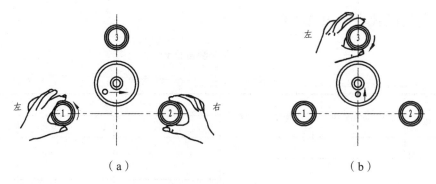

（a）　　　　　　　　　　　　（b）

图 2-6　水准仪的粗平

2. 瞄准水准尺

瞄准水准尺时要注意消除视差，瞄准水准尺的具体方法和步骤如下：

（1）初步瞄准：先用准星对准远处的水准尺。

（2）目镜调焦：调节目镜调焦螺旋，让望远镜十字丝清晰可见。

（3）物镜调焦：调节物镜调焦螺旋，让水准尺成像清晰。

（4）精确瞄准：在望远镜里看到清晰的水准尺影像后，调节水平微调螺旋，使十字丝竖丝位于水准尺尺面中间位置。

3. 精平和读数

对于 DS$_3$ 微倾式水准仪，瞄准水准尺之后，在读数之前要先调节微倾螺旋，让水准管气泡居中（观测目镜左方的符合气泡观察窗看两段气泡是否符合或对齐），这一步工作叫精平，精平过后再用十字丝横丝（中丝）读出水准尺上的四位读数（估读到 mm）。如图 2-7 所示，中丝读数为 1.492 m 或 1.493 m 都可。

图 2-7　读数

五、注意事项

（1）安置仪器时，注意脚架高度应与观测者身高相适应，架头应大致水平，安置稳妥后方可借助中心螺旋固定仪器。

（2）整平仪器时，注意脚螺旋转动方向与圆水准气泡移动方向之间的规律，以提高速度。

（3）照准目标时，注意望远镜的正确使用，应特别注意检查并消除视差。

（4）每次读数时，注意转动微倾螺旋，使符合水准长气泡严格居中。

（5）记录、计算应正确、清晰、工整。

六、实验记录表（表 2-1）

表 2-1　水准测量记录

日期：_____　天气：_____　仪器型号：_____　观测者：_____　记录者：_____

测站	点号	后视读数 a	前视读数 b	高　差 h		备注
				+	−	
Σ						

七、思　考

（1）如何消除视差？

（2）如何提高水准仪整平工作效率？

一、目的与要求

（1）掌握水准仪应满足的几何条件。

（2）掌握水准仪的检验及校正方法。

（3）每4人1组，要求观测、记录计算、立尺轮换操作。

二、仪器工具

每4人1组，每组配备 DS_3 级水准仪1台，水准尺2根，尺垫2个，记录板1块。自备铅笔、计算器。

三、实验知识要点

水准仪的轴线如图2-8所示，CC 为视准轴，LL 为水准管轴，$L'L'$ 为圆水准轴，VV 为仪器旋转轴（竖轴）。

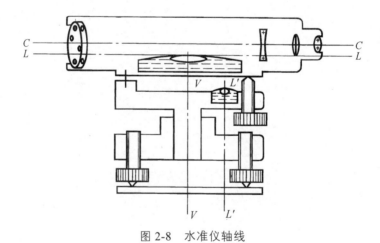

图 2-8　水准仪轴线

根据水准测量原理，水准仪必须提供一条水平视线，这样才能正确地测出两点间的高差。为此，水准仪应满足的条件是：

① 圆水准轴 $L'L'$ 平行于仪器旋转轴（竖轴）VV，即 $L'L'//VV$。

② 水准管轴 LL 平行于视准轴 CC，即 $LL//CC$。

③ 十字丝横丝垂直于仪器旋转轴（竖轴）。

四、实验方法与步骤

（一）一般性检验

主要检查三脚架是否稳固，安置仪器后检查制动和微动螺旋、微倾螺旋、对光螺旋、脚螺旋转动是否灵活，是否有效。

（二）圆水准器的检验与校正

（1）检验方法：先调节脚螺旋使圆水准气泡居中，然后将望远镜旋转180°，如果气泡仍然居中，说明圆水准轴与竖轴平行；否则两者不平行，需要校正。

（2）校正方法：先调节脚螺旋，使气泡向中心移动偏离值的一半，然后再用校正拨针拨动圆水准器下面的校正螺丝，使气泡回到中心。重复以上步骤，直至气泡旋转到任意方向都完全居中为止。

（三）十字丝横丝的检验与校正

（1）检验方法：仪器安置并整平后，以十字丝横丝的一端照准约20 m处一固定目标点，拧紧制动螺旋，旋转微动螺旋，观察目标的运动轨迹，如目标点始终在横丝上运动，则表明横丝水平，否则不水平，需要校正。

（2）校正方法（图2-9）：旋下望远镜目镜端的十字丝环护罩，用小螺丝刀松开十字丝环的四个固定螺丝，然后轻轻转动十字丝环，让横丝水平。最后拧紧四个固定螺丝，上好十字丝环护罩。

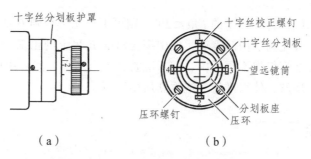

图 2-9 十字丝中丝校正

（四）水准管轴平行于视准轴的检验与校正

（1）检验方法：如图2-10（a）所示，在平坦地面选相距80 m左右 A、B 两点（根据实习场地的实际情况，两点间的距离可适当减小），置水准仪于中点 C，用变动仪器高法测定 A、B 两点间的高差 h_0（两次高差之差 ≤ 3 mm，然后取平均值作为 A、B 的正确高差）；然后把水准仪搬至 A 点附近（距 A 尺 3~5 m），如图2-10（b）所示。精平仪器后分别读取近尺（A 尺）上的中丝读数为 a，远尺（B 尺）上的中丝读数为 b，再次计算 A、B 的高差 $h = a - b$，若 $h = h_0$，说明水准仪的视线是水平的，即水准管轴与视准轴相互平行，否则两者不平行，它们之间存在交角 i，即视线是倾斜的。相关数据记录在表格中。

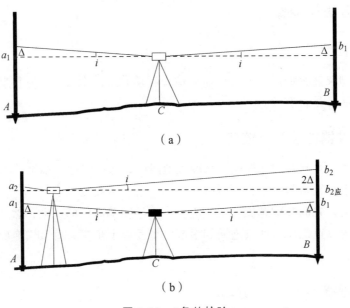

（a）

（b）

图 2-10　i 角的检验

（2）i 角的计算。在图 2-10（b）中，考虑到仪器距 A 尺很近，因此可以把在 A 尺上的实际读数（即图中的 a_2）当成正确读数，这样就可以利用 A、B 的正确高差 h_0 计算出倾斜视线在远尺（B 尺）上的正确读数为 $b_{2应} = a_2 - h_0$，则由图可知，i 角可由下式计算：

$$i = \frac{b_2 - b_{2应}}{D_{AB}} \times \rho''$$

对 DS$_3$ 水准仪来说，若计算出的 i 角 $\leqslant 20''$，则可不校正，否则需要校正。

（3）校正方法：首先调节微倾螺旋，使中横丝对准 B 尺上的正确读数 $b_{2应}$，此时视线已调至水平状态，但水准管气泡不再居中，即水准管轴不再水平；然后用校正拨针拨动水准管端部的上下两个校正螺丝，使水准管气泡重新居中即可。

五、注意事项

（1）轴线几何关系不满足的误差一般较小，故应仔细检验，以免过大的检验误差掩盖轴线几何关系误差，导致错误的检验结果。

（2）后一项检验结果是以前一项几何关系得以满足为前提条件的，故规定的检验校正顺序不得颠倒。

（3）各项检验校正均应反复进行，直至满足几何关系。对于第三项检校，当第 n 次检验结果 $h_n - h = (a_n - b_n) - (a - b) \leqslant \pm 3$ mm 时，即认为符合要求，不必再进行校正。

（4）拨动各校正螺丝须使用专用工具，且遵循"先松后紧"的原则，以免损坏校正螺丝。

（5）拨动各校正螺丝时，应轻轻转动且用力均匀，不得用力过猛或强行拨动。

（6）最后一次检校完成后，校正螺丝应处于稍紧的状态，以免在使用或运输过程中轴线几何关系发生变化。

六、实验记录表（表2-2）

表2-2 水准仪检验记录表

日期：_____ 天气：_____ 仪器型号：_____ 观测者：_____ 记录者：_____

一般性检验记录	
检验项目	检验结果
三脚架是否牢固	
脚螺旋是否有效	
制动与微动螺旋是否有效	
微倾螺旋是否有效	
调焦螺旋是否有效	
望远镜成像是否清晰	

圆水准器检验校正记录		
检验次数	气泡偏离情况	处理结果
1		
2		

十字丝横丝的检验与校正记录		
检验次数	十字丝横丝偏离点目标情况	处理结果
1		
2		

水准管轴与视准轴是否平行的检校记录				
仪器位置	项目	第一次	第二次	第三次
在A、B两点中间置仪器测高差	后视A点尺上读数a_1			
	前视B点尺上读数b_1			
	$h_0=a_1-b_1$			
在A点附近置仪器进行检校	A点尺上读数a_2			
	B点尺上读数b_2			
	计算$b_{2应}=a_2-h_0$			
	偏差值 $\Delta b=b_2-b_{2应}$			
	是否需校正			

七、思　考

（1）为什么要对水准仪进行检验校正，需要检验校正哪些？

（2）微倾式水准仪有哪几条轴线，各轴线间应满足什么条件？

实验 三 经纬仪的认识与使用

一、目的与要求

（1）了解 DJ_6 级光学经纬仪的基本构造。

（2）熟悉 DJ_6 级光学经纬仪的各个部件及其作用。

（3）掌握 DJ_6 级光学经纬仪的安置即对中、整平、瞄准、读数的方法。

（4）掌握 DJ_6 级光学经纬仪水平度盘读数的配置方法。

（5）每 4 人 1 组，要求观测、记录计算轮换操作。

二、仪器工具

每 4 人 1 组，每组配备 DJ_6 级光学经纬仪 1 台，记录板 1 块。自备铅笔、计算器。

三、实验知识要点

（一）经纬仪的用途

经纬仪是用于测量角度的仪器，包括测量水平角和竖直角。

（二）经纬仪的分类

从构造上来分，经纬仪又可分为光学经纬仪和电子经纬仪。

（三）经纬仪的型号

我国的经纬仪系列分为 DJ_{07}、DJ_1、DJ_2、DJ_6、DJ_{30} 等几个等级。"D"和"J"分别是大地测量和经纬仪两词汉语拼音的首字母，脚码注字是它的精度指标，即测量一测回水平方向中误差，单位为秒。不同型号经纬仪用途不一样，如 DJ_{07} 用于国家一等三角高程测量，DJ_6 为普通经纬仪，用于普通工程测量。

（四）经纬仪的基本构造

把仪器安置在脚架上后，首先对照图 2-11 认识 DJ_6 型光学经纬仪构造，其主要由照准部、水平度盘、基座和度盘读数装置四部分组成。每一部分具体构造如图所示。

1. 照准部

照准部是指位于水平度盘之上，能绕其旋转轴旋转的部分的总称。照准部由望远镜、照准部管水准器、竖直度盘、光学对中器、读数显微镜等部分组成。

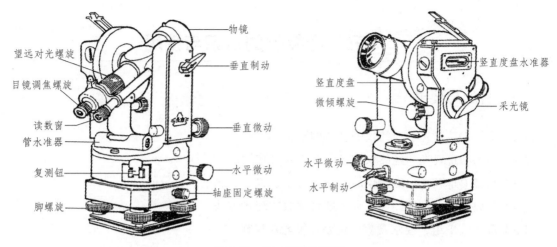

图 2-11 DJ₆光学经纬仪

2. 水平度盘

水平度盘是由光学玻璃制成的带有刻划和注记的圆盘，装在仪器竖轴上，在度盘的边缘按顺时针方向均匀刻划成 360 份，每一份就是 1°，并注记度数。在测角过程中，水平度盘和照准部分离，不随照准部一起转动。当望远镜照准不同方向的目标时，移动的读数指标线便可在固定不动的度盘上读出不同的度盘读数，即方向值。如需要变换度盘位置，可利用仪器上的度盘变换手轮，把度盘变换到需要的读数上。

3. 基 座

基座上有三个脚螺旋，一个圆水准气泡，用来粗平仪器。水平度盘旋转轴套在竖轴套外围，拧紧轴套固定螺钉，可将仪器固定在基座上；旋松该螺旋，可将经纬仪水平度盘连同照准部从基座中拔出，但平时应将该螺钉拧紧。

4. 光学经纬仪的度盘读数装置

光学经纬仪的度盘读数装置包括光路系统和测微器。水平度盘和竖直度盘上的分划线（度盘刻度）经照明后经过一系列棱镜和透镜，最后成像在望远镜旁的读数显微镜内。光学经纬仪有分微尺测微器和光平板玻璃测微器两种读数装置。目前生产的 DJ₆光学经纬仪多数采用分微尺测微器进行读数。这类仪器度盘分划值为 1°，按顺时针方向注记。分微尺是一个用 60 条刻划线表示 60′，且标有 0~6 注记的光学装置。在读数光路系统中，分微尺和度盘 1°间隔影像相匹配。图 2-12 就是读数显微镜内所看到的度盘和分微尺影像。

读数时，先读取分微尺内度分划的度数，然后再读取分微尺 0 分划至度盘上度分划所在分微尺上的分数，将二者相加即为读数窗口的角度读数。如图 2-12 所示的水平度盘的"度"位读数是 180°，"分"位的读数从分微尺 0 分划线到度盘 180°分划线之间的整格数再加上不足一格的余数部分，估读至 0.1 格（即 0.1′），"分"位为 06.2′，总的读数为 180°06.2′（即 180°06′12″）。相同的方法读得竖直度盘的角度读数是 75°57.1′（即 75°57′06″）。

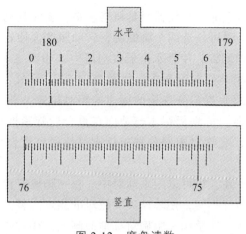

图 2-12　度盘读数

四、实验方法与步骤

（一）经纬仪的安置

安置经纬仪之前，先把三脚架调节好，使其高度适中，架头大致水平，并将脚架踩实；然后开箱取出仪器，放在架头上，用脚架上的中心螺旋将其和脚架牢固连接。

（二）经纬仪的认识

结合相关参考书和本实验知识要点内容了解实验仪器型号及各部件的功能。

（三）经纬仪的使用

（1）对中：先将三脚架安置在地面点上，要求高度适宜，架头大致水平，并使架头的中心大致对准所选地面测站点标志。然后将三脚架踩实，装上仪器，利用光学对中器观察地面点位与分划板标志的相对位置，转动脚螺旋，直至分划板标志与地面点重合为止。若转动脚螺旋无法精确对中，则可通过重新移动脚架来对中后再踩实。

（2）整平：先升降三脚架脚腿，使圆水准器气泡居中。操作时，左手握住脚腿上半段，大拇指按住脚腿下半段顶面，并在松开旋钮时以大拇指控制脚腿上下半段相对位置实现渐近升降，如图 2-13 所示。注意：升降脚腿时不能移动脚架腿尖头的地面位置。

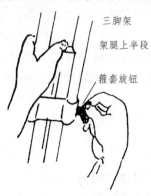

图 2-13　三脚架整平

通过三脚架整平圆水准气泡后，仪器只是概略整平，要使其精确整平，需调节三个脚螺旋使管水准气泡整平。整平时可任选两个脚螺旋，转动照准部使管水准器与所选两脚螺旋中心连线平行，相对转动两脚螺旋，使管水准器气泡居中，如图 2-14（a）所示。转动照准部90°，转动第三个脚螺旋使管水准气泡居中，如图 2-14（b）所示。

利用光学对中器观察地面点与分划板的标志的相对位置，若二者偏离，稍松三脚架连接螺旋，在架头上移动仪器，分划板标志与地面点重合后旋紧连接螺旋。重新利用脚螺旋整平，直至在仪器整平后，光学对中器分划板标志与地面点重合为止。光学对中精度一般不大于 1 mm。

在对中时如精度要求不高，也可采用垂球对中。在三脚架安置在测点上，架头大致水平后，挂上垂球，平移或转动三脚架，使垂球尖大致对准测点。装上经纬仪，将连接螺旋稍微松开，在脚架头上移动仪器，使垂球尖精确对准地面测点。在对中时，应及时调整垂球线长度，使垂球尖尽量靠近地面点，以保证对中精度。垂球对中精度不大于 3 mm。

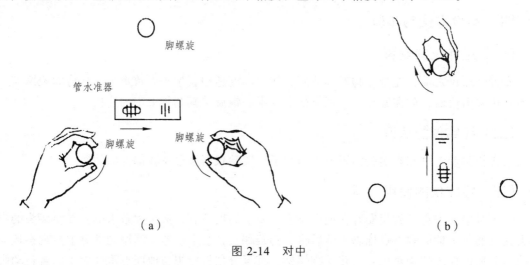

图 2-14　对中

（3）瞄准。瞄准的目的是使经纬仪望远镜视准轴对准另一地面点中心位置。望远镜对向天空，调节目镜调焦螺旋看清十字丝；先利用望远镜粗瞄器对准目标，旋紧制动螺旋；调节物镜调焦螺旋看清目标，并消除视差；转动照准部微动螺旋和望远镜微动螺旋，使望远镜十字丝像中心部位与目标相关部位符合。

（4）读数。读数时，先读取分微尺内度分划的度数，然后再读取分微尺 0 分划至度盘上度分划所在分微尺上的分数，将二者相加即为读数窗口的角度读数。

读数时要注意调整采光镜，使读数窗视场清晰。读数与记录之间相互响应，记录者对读数回报无误后方可记录，数字记错时，在错的数字上画一杠，并在其附近写上正确数字，不得进行涂改。

五、注意事项

（1）对中时严禁先整平仪器，再移动地面点来对中。
（2）仪器整平时的误差要求水准管气泡偏离值不得超过 1 格。

（3）使用制动螺旋，达到制动目的即可，不可强力过量旋转。

（4）微动螺旋应始终使用其中部，不可强力过量旋转。

（5）照准目标时，应注意检查并消除视差，尽量瞄准目标的底部，如目标为垂球线时，则要尽量瞄准垂线上部。目标较细时，要用单丝切准目标，目标较粗时，宜用双丝去卡准目标。

（6）度盘读数的直读位应正确，估读位应尽量准确。对 DJ_6 经纬仪的测微尺读数装置，应先估读至 0.1′，然后将其换算成秒。

六、实验记录表（表 2-3）

表 2-3　经纬仪观测记录

测站	盘位	目标	水平度盘读数 ° ′ ″	水平角值 ° ′ ″	竖直度盘读数 ° ′ ″	略图
	左					
	右					
	左					
	右					

七、思　考

（1）DJ_6 光学经纬仪主要由哪些部件构成？

（2）用 DJ_6 光学经纬仪进行水平角测量和竖直角测量瞄准目标的方法分别是什么？

（3）用 DJ_6 光学经纬仪照准同一竖直面内不同高度的点，水平度盘和竖直度盘上的读数是如何变化的，为什么？

（4）用 DJ_6 光学经纬仪照准同一水平面内不同方向的点，水平度盘和竖直度盘上的读数是如何变化的，为什么？

实验 四 经纬仪的检验与校正

一、目的与要求

（1）熟悉 DJ_6 级光学经纬仪的主要轴线及其应满足的几何关系。

（2）掌握 DJ_6 级光学经纬仪检验与校正的方法。

（3）每4人1组，轮换操作。

二、仪器工具

每4人1组，每组配备 DJ_6 级光学经纬仪1台，记录板1块。自备铅笔、计算器。

三、实验知识要点

从测角原理可知：为了能正确地测量出水平角和竖直角，仪器要能够精确地安置在测站点上；仪器竖轴能安置在铅垂位置；视线绕横轴旋转时，能够形成一个铅垂面；当视线水平时，竖盘读数应为90°或270°。

如图 2-15 所示，经纬仪的主要轴系有；竖轴 VV'、横轴 HH'、水准管轴 LL'、视准轴 CC'。为满足上述要求，仪器应具备下述的几何关系：

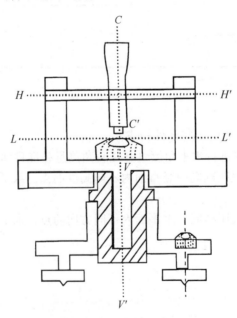

图 2-15　经纬仪轴系关系示意图

（1）照准部的水准管轴应垂直于竖轴。若仪器满足这一关系，利用水准管整平仪器后，仪器竖轴才能精确地位于铅垂位置。

（2）圆水准器轴应平行于竖轴。若仪器满足这一关系，则利用圆水准器整平仪器后，仪器竖轴才可粗略地位于铅垂位置。

（3）十字丝竖丝应垂直于横轴。若仪器满足这一关系，则当横轴水平时，竖丝位于铅垂位置。这样，一方面可利用它检查照准目标是否倾斜，同时也可利用竖丝的任一部位照准目标，以保证读数的一致性。

（4）视准轴应垂直于横轴。如仪器满足这一关系，则在视线绕横轴旋转时，可形成一个垂直于横轴的平面。

（5）横轴应垂直于竖轴。如仪器满足这一关系，则当仪器整平后，横轴即水平，视线绕横轴旋转时，可形成一个铅垂面。

（6）光学对中器的视线应与竖轴的旋转中心线重合。如果仪器满足这一关系，则利用光学对点器对中后，竖轴旋转中心才位于过地面点的铅垂线上。

（7）视线水平时竖盘读数应为90°或270°。如果这一条件不满足，则存在指标差，在竖直角计算时应注意修正。

四、实验方法与步骤

（一）经纬仪的一般性检验

主要检查三脚架是否稳固，安置仪器后检查制动和微动螺旋、微倾螺旋、对光螺旋、脚螺旋转动是否灵活，是否有效。

（二）照准部水准管轴的检验校正

1. 检验方法

将仪器大致整平后，转动照准部使水准管平行于任意两脚螺旋的连线，调节两脚螺旋使气泡居中。然后将照准部旋转180°，如果此时气泡仍居中或气泡偏移很小（不足一格），则说明水准管轴垂直于竖轴，如图2-16（a）所示。

当水准管气泡居中即水准管轴水平时，若竖轴不垂直于水准管轴，则此时竖轴不竖直，而是偏离铅垂线方向一个α角，如图2-16（b）所示。仪器绕竖轴转180°后，竖轴仍位于原来的位置，而水准管两端却交换了位置，此时水准管轴与水平线的夹角为2α，气泡不再居中，若偏移量超过一格时，则应进行校正。此时气泡的偏移量代表了水准管轴的倾斜角2α，如图2-16（c）所示。

2. 校正方法

先调节两个角螺旋使气泡回到中间的一半，此时已把竖轴调整为竖直状态，同时也使水准管轴与水平线的夹角也减小到了一个α角。但水准管轴与竖轴仍不垂直，如图2-16（d）所示。然后再用校正针拨动水准管一端的校正螺丝，使气泡完全居中，此时竖轴仍然竖直，且水准管轴也水平，即水准管轴与竖轴相互垂直，如图2-16（e）所示。

此项检校必须反复进行，直至水准管位于任何位置，气泡偏离零点均不超过一格为止。

如果仪器上装有圆水准器，则应使圆水准轴平行于竖轴。检校时可用校正好的照准部水准管将仪器整平，如果此时圆水准器气泡也居中，说明条件满足，否则应校正圆水准器下面的三个校正螺丝使气泡居中。

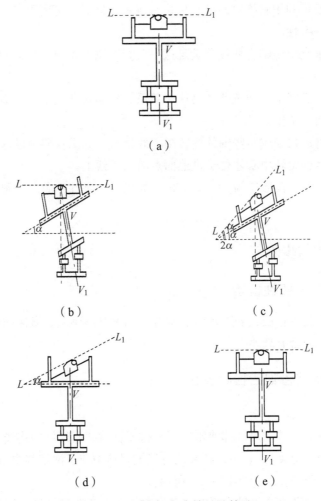

图 2-16　照准部水准管轴的检验

（三）十字丝竖丝的检验校正

1. 检验方法

仪器严格整平后，用十字丝交点精确瞄准一目标点，旋紧水平制动螺旋和望远镜制动螺旋，再用望远镜微动螺旋使望远镜上下移动，若目标点始终在竖丝上移动，表明竖丝竖直，如图 2-17 所示，否则应进行校正。

2. 校正方法

校正时，旋下目镜处的护盖，微微松开十字丝环的四个固定螺丝（图 2-17），转动十字丝环，直至望远镜上下移动时，目标点始终沿竖丝移动为止。最后将四个固定螺丝拧紧，旋上护盖。

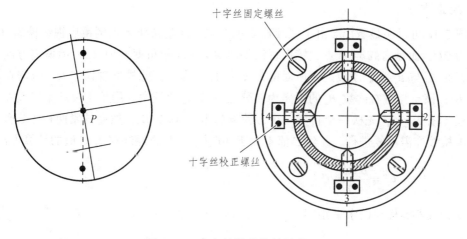

图 2-17　十字丝竖丝的检验校正

（四）视准轴的检验校正

1. 检验方法

如图 2-18 所示，在一平坦场地上，选择一直线 AB 长约 100 m。仪器安置在 AB 的中点 O 上，在 A 点竖立一标志，在 B 点横置一个刻有毫米分划的小尺，并使其垂直于 AB（注意标志、标尺与仪器应大致同高）。以盘左瞄准 A，倒转望远镜在 B 点尺上读数 B_1。旋转照准部以盘右再瞄准 A，倒转望远镜在 B 点尺上读数 B_2。如果 B_2 与 B_1 重合，表明视准轴垂直于横轴，否则应进行校正。

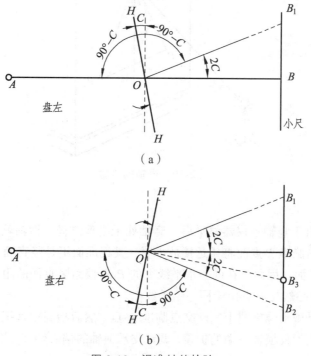

图 2-18　视准轴的检验

2. 校正方法

由图 2-18 可以明显看出，由于视准轴 C 的存在，盘左瞄准 A 点倒镜后视线偏离 AB 直线的角度为 $2C$，而盘右瞄准 A 点倒镜后视线偏离 AB 直线的角度亦为 $2C$，但偏离方向与盘左相反，因此 B_1 与 B_2 两个读数之差所对的角度为 $4C$。为了消除视准轴误差 C，只需在尺上定出一点 B_3，该点与盘右读数 B_2 的距离为四分之一 B_1B_2 的长度。用校正拨动十字丝左右两个校正螺丝（图 2-17），先松一个再紧一个，使读数由 B_2 移至 B_3，然后拧紧两校正螺丝。

此项检校亦需反复进行，直至 C 值不大于 30″为止（J_6 级经纬仪），C 值的计算方法如下：

$$C'' = \frac{B_1B_2}{4D} \cdot \rho''$$

式中：D 为仪器到标尺的水平距离。

（五）横轴的检验校正

1. 检验方法

如图 2-19 所示，在距一较高墙壁 20～30 m 处安置仪器，在墙上选择仰角 30°左右的一目标点 P，盘左瞄准 P 点，然后将望远镜放平，在墙上定出一点 P_1。倒转望远镜以盘右瞄准 P 点，再将望远镜放平，在墙上又定出一点 P_2。如果 P_1 和 P_2 重合，表明仪器横轴垂直于竖轴，否则应进行校正。

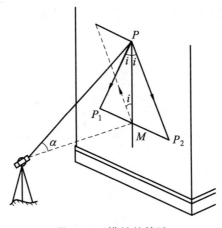

图 2-19　横轴的检验

2. 校正方法

由于横轴不垂直于竖轴，仪器整平后，竖轴处于铅垂位置，横轴就不水平，倾斜一个 i 角。当以盘左、盘右瞄准 P 点而将望远镜放平时，其视准面不是竖直面，而是分别向两侧各倾斜一个 i 角的斜平面。因此，在同一水平线上的 P_1P_2 偏离竖直面的距离相等而方向相反，直线 P_1P_2 的中点 M 必然与 P 点位于同一铅垂线上。

校正时，用水平微动螺旋使十字丝交点瞄准 M 点，然后抬高望远镜，此时十字丝交点必然偏离 P 点。打开支架处横轴一端的护盖，调整支承横轴的偏心轴环，抬高或降低横轴一端，直至十字丝交点瞄准 P 点。

对于 J_6 级经纬仪，要求 i 角不超过 20″ 即可。由图 2-19 易知 i 角的计算方法如下：

$$i = \frac{P_1 P_2 \cdot \cot\alpha}{2D} \cdot \rho''$$

式中，D 为仪器到墙壁的水平距离；α 为仪器照准 P 点时的竖直角。

现代光学经纬仪的横轴是密封的，一般能保证横轴与竖轴的垂直关系，故使用时只需进行检验，如需校正，可由专业仪器检修人员进行。

（六）竖盘指标差的检验与校正

1. 检验方法

仪器整平后，以盘左、盘右先后瞄准同一明显目标，在竖盘指标水准管气泡居中的情况下读取竖盘读数 L 和 R，计算指标差 x。

2. 校正方法

校正时先计算盘右的正确读数 $R_0 = R - x$，保持望远镜在盘右位置瞄准原目标不变，旋转竖盘指标水准管微动螺旋使竖盘读数为正确读数 R_0，这时竖盘指标水准管气泡不再居中，用校正针拨动竖盘指标水准管的校正螺丝使气泡居中。此项检校需反复进行，直至指标差 x 不超过限差为止。J_6 级经纬仪的限差为 ±20″。

（七）光学对中器的检验校正

如图 2-20 所示，光学对中器由目镜、分划板、物镜及转向棱镜组成。分划板上圆圈中心与物镜光心的连线为光学对中器的视准轴。视准轴经转向棱镜折射后与仪器的竖轴相重合。如不重合，使用光学对中器对中将产生对中误差。

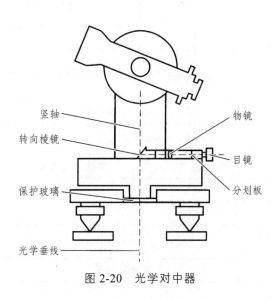

图 2-20　光学对中器

检验时，将仪器安置在平坦的地面上，严格地整平仪器，在三脚架正下方地面上固定一张白纸，旋转对中器的目镜使分划板圆圈看清楚，抽动目镜使地面上白纸看清楚。根据分划板上圆圈中心在纸上标出一点 A 将照准部旋转 $180°$，如果 A 点仍位于圆圈中心，说明对中器视准轴与竖轴重合的条件满足。否则应将旋转 $180°$ 后圆圈中心位置在纸上标出另一点 B，取 A、B 的中点，校正转向棱镜的位置，直至圆圈中心对准中点为止。

五、注意事项

（1）照准部水准管的检校，应使照准部在任何位置时管水准气泡的偏离量均不超过一格。

（2）望远镜视准轴的检校，直至盘左、盘右所标两点之间距不超过 10 mm 即可。

（3）横轴的检校，直至盘左、盘右所标两点之间距不超过 10 mm 即可。

（4）竖盘指标差的检校，直至所测算的竖盘指标差 x 不超过 $±1'$ 即可。

六、实验记录表（表 2-4）

表 2-4　经纬仪的检验数据记录表

水准管轴的检验	水准管平行一对脚螺旋时气泡位置图	照准部旋转 $180°$ 后气泡位置图	照准部旋转 $180°$ 后气泡应有的正确位置图	是否需校正

十字丝纵丝的检验	检验开始时望远镜视场图	检验终了时望远镜视场图	正确的望远镜视场图	是否需校正

视准轴的检验	盘左盘右读数法	仪器安置点	目标	盘位	水平度盘读数	平均读数
				左		
		A	G			
				右		
		检验	计算 $2c=$左$-$（右$±180°$）			
			是否需要校正			
	横尺法	仪器安置点	横尺读数		读数差（右$-$左）	仪器到横尺距离
		A	盘左			20.626 5 m
			盘右			
		检验	计算 $c=\dfrac{B_1B_2}{4D}\rho$			
			是否需要校正			

横轴的检验	仪器安置点	目标	盘位	竖直度盘读数	半测回竖直角	指标差	一测回竖直角
	A （竖直角α大于30°）	*M*	左				
			右				
	检　验	用小钢尺量得：$P_1P_2 = $ _____。计算：$i'' = \dfrac{P_1P_2}{2D \cdot \tan\alpha} \cdot \rho'' = $ _____。					
		是否需要校正					

竖盘指标差检验	仪器安置点	目标	盘　位	竖盘读数	竖直角
	A	*G*	左		
			右		
	检　验	计算指标差			
		是否需校正			

校正方法简述	水准管轴		
	十字丝纵丝		
	视准轴	盘左盘右法	
		横尺法	
	横轴		
	指标差		

七、思　考

（1）经纬仪的主要轴系满足什么几何关系？

（2）经纬仪的主要轴系的检验和校正方法？

实验 五 全站仪的认识与使用

一、目的与要求

（1）认识全站仪的构造及功能键。
（2）熟悉全站仪的一般操作方法。

二、仪器工具

5~6人为1组，全站仪1台、棱镜2个、三脚架2个、对中杆1个、记录板1块。

三、实验知识要点

（一）全站仪的用途

全站型电子速测仪（Electronic Tachometer Total Station）简称全站仪，是一种将角度测量（水平角、竖直角）、距离测量（斜距、平距、高差）及数据处理等功能集成在一起，由机械部件、光学部件、电子元件及微处理器与机载软件组合而成的光电测量仪器。借助于机载程序，全站仪可以组成多种测量功能，如计算并显示平距、高差及镜站点的三维坐标，同时还可独立完成如偏心测量、悬高测量、对边测量、后方交会、面积计算等特殊测量模式。

（二）全站仪的精度指标

全站仪没有像光学水准仪和经纬仪一样有统一的型号和缩写，不同品牌的仪器厂商命名全站仪的规则不同，同一品牌下又根据采用的技术不同而分为几大系列，同一系列下根据测量能够达到精度分为几个型号。要了解全站仪的精度指标，只能具体查看全站仪的技术参数，才能知道全站仪测角和测距的精度。

测角精度有 0.5″、1″、2″、5″等全站仪。

测距精度查看说明书中标识测距精度 $(A + B\,ppm \times D)\,mm$，其中，$A$ 代表仪器的固定误差，主要是由仪器加常数的测定误差、对中误差、测相误差造成的，固定误差与测量的距离没有关系，即不管测量的实际距离多远，全站仪都将存在不大于该值的固定误差。

$B\,ppm \times D\,km$ 代表比例误差，其中的 B 是比例误差系数，它主要由仪器频率误差、大气折射率误差引起。ppm 是百万分之一的意思（Parts Per Million），是针对 1 km 即 1 000 000 mm 距离的误差单位是 mm。D 是全站仪或者测距仪实际测量的距离值，单位是 km。

随着实际测量距的变化，仪器的这比例误差部分也就按比例的变化。例如一台测距精度为 $(1 + 2\,ppm \times D)\,mm$ 的全站仪，当被测量距离为 1 km 时，仪器的测距精度为 1 mm + 2 ppm × 1（km）= 3 mm，也就是说全站仪测距 1 km，最大测距误差不大于 3 mm。

（三）全站仪的基本功能

不同厂家生产的全站仪，其功能和操作方法也会有差别，实习前须认真阅读实习设备的操作手册或说明书。

四、实验方法与步骤

（一）全站仪的安置

安置全站仪之前，先把三脚架调节好，使其高度适中，架头大致水平，并将脚架踩实；然后开箱取出仪器，放在架头上，用脚架上的中心螺旋将其和脚架牢固连接。

（二）全站仪的认识

结合相关参考书和本实验理论准备内容了解实验仪器型号及各部件的功能。

（三）全站仪的使用

（1）在地面上任选一测站点 A 安置全站仪，对中、整平。

在整平时，可调用电子气泡进行，用电子气泡不但会使整平的精度更高，整平速度也会加快。电子气泡的调用方法如下：在测量模式菜单下按{倾斜}对应的软键使电子气泡显示在屏幕上，如图 2-21 所示。图中"●"在图中表示气泡，数字表示倾角值。

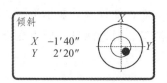

图 2-21　电子气泡界面

（2）在待测点安置三脚架，进行对中、整平，并将安装好棱镜的棱镜架安装在三脚架上。通过棱镜上的缺口使棱镜对准望远镜，在棱镜架上安装照准用觇板。

（3）测前准备。

在"设置模式"里对全站仪进行如下设定：

① 设定距离单位为 m。

② 设定竖直角的显示模式，若选择为"垂直 90°"，则此时显示屏上则直接显示竖直角的大小，而不是竖直度盘读数。

③ 设定气温单位为℃，设定气压单位与所用气压计的单位一致。

④ 输入全站仪的棱镜常数（不同厂家生产的棱镜会有不同的棱镜常数）。

（4）测角。

照准目标后，水平度盘读数 HAR 及竖直度盘读数 ZA 即直接显示在屏幕上。

（5）测距离、高差。

① 测定气温、气压并输入全站仪（输入后屏幕显示的 ppm 值为气象改正比例系数）。

② 选定距离测量方式为"精测均值"方式。

③ 用望远镜照准测点的觇板中心，按测距键，施测后屏幕按设定的格式显示测量结果（可按"切换"键查阅其他所包含的测量数据，如平距 H、高差 V 等），如图 2-22 所示。

图 2-22　测量结果

五、注意事项

（1）不同厂家生产的全站仪，其功能和操作方法有所差别，实习前须认真阅读其中的有关内容或全站仪的操作手册。

（2）全站仪是精密仪器，在使用过程中要十分细心，以防损坏。

（3）在测距方向上不应有其他的反光物体（如其他棱镜、水银镜面、玻璃等），以免影响测距成果。

（4）不能把望远镜对向太阳或其他强光，在测程较大、阳光较强时要给全站仪和棱镜分别打伞。

（5）外业工作时应备好外接电源，以防电池不够用。

（6）实验全过程中，仪器及棱镜旁边必须有人守候。

六、实验记录表（表 2-5）

表 2-5　全站仪的认识与使用数据记录表

日期：_____年___月___日　　天气：_____　　仪器型号：_____　　组号：_____

观测者：_____　　记录者：_____　　立棱镜者：_____

测点	目标点	水平度盘读数 ° ′ ″	水平角 ° ′ ″	竖直角 ° ′ ″	斜距 /m	平距 /m	备注

七、思 考

（1）全站仪、水准仪、光学经纬仪有什么不同？

（2）全站仪能完成什么测量工作？

实验 六 GNSS 接收机的认识与使用

一、目的与要求

（1）认识 GNSS 接收机的构造及功能键。
（2）熟悉 GNSS 接收机的一般操作方法。

二、仪器工具

5~6 人 1 组，GNSS 接收机 1 套、记录板 1 块、卷尺 1 把。

三、实验知识要点

（一）GNSS 接收机简介

GNSS（全球导航卫星系统，Global Navigation Satellite System）接收机主要由天线、信号接收单元、信号处理单元、控制单元和电源模块等部分组成。天线负责捕捉卫星信号，信号接收单元负责将天线接收的信号进行放大、滤波和处理，信号处理单元负责解调、解码和计算位置信息，控制单元负责协调各个部件的工作，电源模块负责提供能量。为了便于操作和携带，GNSS 接收机在设计上会根据应用需求对各部件进行组合，构成多种类型的组合形式，如：接收机 + 天线 + 控制器；接收机和天线一体化 + 控制器；接收机、天线、控制器一体化。分体设计的优点在于可以根据不同需求进行组合，满足不同用户和项目需求，而一体化设计的优点在于连接简单、操作方便、轻巧易携带。

GNSS 接收机按用途可以分为测量型、导航型和授时型。本实验主要介绍测量型接收机的认识与使用，测量型 GNSS 接收机的常用功能是进行静态相对定位、动态相对定位 [单基站 RTK（实时动态测量技术，Real-Time Kinematic）定位和网络 RTK 定位]。

（二）GNSS 接收机的工作原理

GNSS 接收机通过捕捉卫星信号，利用卫星信号中的位置信息、传输时间等信息，通过计算得出自身位置、速度、方向等信息。具体工作流程包括：捕捉卫星信号、提取位置信息、计算坐标位置、速度和方向等。

（三）GNSS 接收机天线高量取

天线高指接收机天线相位中心至观测点标志中心顶端的垂直距离，由于作业中无法直接量取至天线相位中心，一般将天线高分为上下两段，上段是从相位中心至天线底面或指定位置的距离，这一段的数值由厂家给出；下段是从天线底面或指点位置至观测点标志中心顶端的距离，这段由用户临时测量，量取方式（图 2-23）一般有斜高（SL：Slant Height）、垂高（DH：Direct Height）和杆高。测量的标志可以取为天线座底部、槽口顶部等方式，一般在数据处理过程中会根据实际测量方式选取相应测量方式选项。当 GNSS 天线使用三脚架架设时，宜采用斜高量取到槽口顶部的方式，当 GNSS 天线架设在强制对中观测墩上时，宜采用垂高量取到天线座底部的方式。

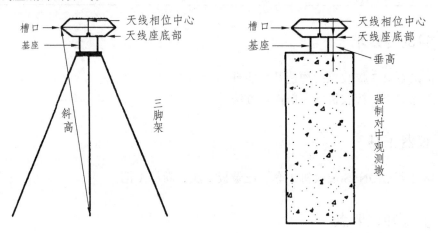

图 2-23　天线高量取方式

四、实验方法与步骤

不同厂家生产的 GNSS 接收机，其操作方法会有差别，实验前须认真阅读其中的有关内容或 GNSS 接收机的操作手册。操作步骤如下。

（1）仪器的安置。

① 在测站安置脚架、天线基座并对中、整平。

② 在基座上安置 GNSS 天线，按要求连接好天线、主机、手簿控制器和电池。

（2）仪器量高并做好量取方式记录。

（3）开机，熟悉控制器主菜单。

（4）在主机或手簿控制器打开配置菜单。

根据工程需求配置用户所要求的功能，如工作模式（静态模式、移动站模式、基准站模式）、存储设置、网络设置和坐标系统设置等。

（5）观察 GNSS 接收机在采集数据过程中，数据保存、卫星数量或位置等变化情况。

（6）GNSS 静态测量任务运行。

① 在主机或手簿控制器打开配置菜单，选择静态模式，并输入点名、仪器高、高度截止角，采样间隔等信息，作业人员同时记录"GNSS 静态观测记录表"和"GNSS 作业调度表"。

② 测量完毕后，用数据传输线或蓝牙等设备将 GNSS 接收机数据导出。

五、注意事项

（1）开机前应检查电源电缆和天线等各部件是否正确安装。

（2）观测期间，应注意查看仪器的工作状态（检查各 LED 指示灯显示）是否正常。

（3）每时段观测前后都应仔细量取仪器高。

（4）测站周围不能有大功率电台、高压线、发射塔等信号干扰源，且测站的上空没有较大的遮挡。

六、实验记录表格（表 2-6、表 2-7）

表 2-6　GNSS 静态观测记录表

观测者						
测点名称			测点类别			
开始观测时间			结束观测时间			
卫星颗数			数据采样间隔			
GDOP/PDOP 值			有效观测时间			
接收设备		同时段内其他点号			天线高/m	
接收机型号					测量前	
接收机编号					测量后	
天线类型					平均值	
数据文件名					天线高量取方式	
测站近似坐标	经度			测点实拍图		
	纬度					
	大地高					
观测记事						

注：GDOP（Geometric Dilution of Precision）几何精度因子；
　　PDOP（Position Dilution of Precision）位置精度因子。

表 2-7　GPS 作业调度表

时段编号	观测时间	测站名	测站名	测站名	测站名	测站名	测站名
		接收机号	接收机号	接收机号	接收机号	接收机号	接收机号
1							
2							
3							
4							

七、思　考

（1）GNSS 接收机进行单点定位时，至少需要几颗卫星？

（2）什么是 PDOP？

实验 一 普通水准路线测量

一、目的与要求

（1）练习水准路线的选点，布置。

（2）掌握闭合水准路线的施测方法。

（3）掌握高差闭合差的计算方法。

（4）每4人1组，要求观测、记录计算、立尺轮换操作。

二、仪器工具

每4人1组，每组配备 DS₃ 级水准仪1台，水准尺2根，尺垫2个，记录板1块。自备铅笔、计算器。

三、实验知识要点

1. 水准测量路线的形式

水准测量技术设计时根据水准点分别，将高程起算点（已知点）和相邻待定高程点连成路线，布设成单一水准路线或水准网。单一水准路线分为附合水准路线、闭合水准路线和支水准路线，如图 2-24 所示。

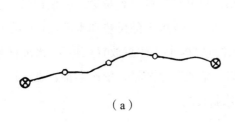

（a）

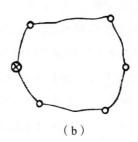

（b）

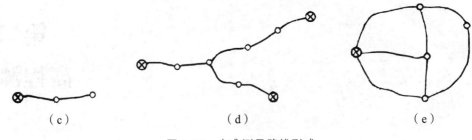

（c）　　　　　　　　　　（d）　　　　　　　　　　（e）

图 2-24　水准测量路线形式

2. 尺垫作用

转点处放置支承水准尺。生铁铸成，上有凸起半球，作为立尺点，下有角爪，置稳。

3. 水准路线的检核

在进行水准测量时，应对水准路线进行检核，闭合差作为检核的重要指标，在一定程度上反映了测量成果的质量，其闭合差的计算方法如下：

$$f_h = \sum h - (H_{终} - H_{起})$$

对于等外水准测量，高差闭合差的容许误差如下：

$$\left.\begin{array}{l}\text{平地}\,F_h = \pm 40\sqrt{L}(\text{mm}) \\ \text{山地}\,F_h = \pm 12\sqrt{n}(\text{mm})\end{array}\right\}\,（\text{等外水准测量}）$$

其中：L 是水准路线长度，以 km 为单位代入计算；n 是水准路线总测站数。

四、实验方法与步骤

1. 实验场地的布置

首先在规定的实验场地内选择一地面固定点或已有高程控制点作为起点，再选定 2～3 个固定点作为待定高程点，点间以能安置 2～3 站仪器为宜。

2. 测量方法

如图 2-25 所示，首先安置仪器于起点 A 和选定的转点 TP_1 的中间位置（即让水准仪至前后尺的视距大致相等），在 A 点和 TP_1 点上分别立尺（注意在转点上要放置尺垫）。按照水准仪的安置步骤即粗平-瞄准-精平-读数，读出后尺和前尺的中丝读数，分别记录在表 2-8 上，即可计算测站高差（后视读数减前视读数）。然后让 TP_1 上的尺垫和水准尺（前尺）保持不动，把 A 点上的水准尺（即后尺）搬至选定的转点 TP_2 上（注意放置尺垫），水准仪搬至 TP_1 和 TP_2 的大致中间位置，安置好仪器后进行第二站的高差测量，依次类推，进行连续观测，直至测回到起点 A 上。完成闭合水准路线的外业观测。

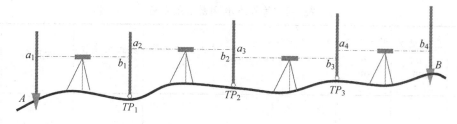

图 2-25　水准测量施测

3. 计算检核

在表 2-8 内完成计算检核，即所有后视读数之和减前视读数之和，看是否等于各站高差之和，不等的话就说明计算高差有错。

4. 高差闭合差的计算与调整

按照闭合差的计算方法计算水准路线高差闭合差，并根据高差闭合差的容许误差判断是否超限，当所测闭合差小于容许误差时，则将闭合差反符号按测段的测站数或距离成比例的原则调整分配到各测段高差上。

5. 高程的计算

用改正后的各测段高差计算出各待定点的高程，最后注意检核计算是否有误。

五、注意事项

（1）严格按照水准测量的操作步骤进行观测。

（2）每测完一站要搬站时，严格保证前尺转点上的尺垫不动。

（3）选择测点时要尽量避开人流和车辆较多的地方。

（4）选择测点或安置仪器时注意不能让仪器在水准尺上的读数过大或过小，一般要求中丝位置距尺端不宜小于 0.3 m。

（5）尺垫只放置在转点上，在已知点和待定点上都不能放置尺垫。

（6）在实验过程中，观测者不能因故离开仪器，搬站时要先松开制动螺旋，将仪器抱在胸前，所有仪器和配套工具都要随人带走。

（7）记录、计算应正确、清晰、工整。记录、计算必须在规定的表格中完成，做到边测边算，严禁记录数据时打草稿现象，原始观测数据不得转抄。若记录数据有错时，严禁用橡皮涂改，严禁字改字或连环涂改。

（8）计算一定要步步检核。

六、实验记录表格（表 2-8）

表 2-8　等外水准测量记录表格

测站	点号	后视读数 a /m	前视读数 b /m	高差 h/m		高差改正数 /m	改正后高差 /m	高程/m	备注
				+	−				
Σ									
检核	$\Sigma a =$　　　$\Sigma b =$　　　　$\Sigma h =$　　$\Sigma a - \Sigma b =$								

七、思　考

（1）转点在水准测量中的作用？

（2）水准测量时对前后视距的要求是什么？

实验 二 四等水准测量

一、目的与要求

（1）掌握用双面尺进行四等水准测量的观测、记录、计算方法。

（2）掌握四等水准测量的主要技术指标，测站及水准路线的检验方法。

（3）高差的闭合差应满足技术要求。

（4）每4人1组，轮换操作仪器。

二、仪器工具

DS$_3$级水准仪1台，双面尺2根，记录板1块，尺垫2个，测伞1把。自备计算器、铅笔、小刀、计算用纸。

三、实验知识要点

（1）四等水准测量常作为小地区测绘大比例尺地形图和施工测量的高程基本控制。单独的四等水准附合路线，长度应不超过80 km；环线周长不超过100 km；同级网中节点间距离应不超过30 km，山地可适当放宽。

（2）四等水准测量的技术指标限差如表2-9所示要求。

表2-9　四等水准测量的技术指标限差

等级	视线高度/m	视距长度/m	前后视距差/m	前后视距累积差/m	黑、红面分划读数差/mm	黑、红面分划所测高差之差/mm	路线高差闭合差/mm
四等	>0.2	≤80	≤5	≤10	≤3	≤5	$\pm20\sqrt{L}$（平地） $\pm6\sqrt{n}$（山地）

其中，L为以km为单位的水准路线长度；n为该路线总的测站数。

（3）四等水准测量的精度。

四等水准测量每千米水准测量的偶然中误差不得超过5 mm，全中误差不得超过10 mm。

四、实验方法与步骤

（1）选定一条闭合水准路线，其长度以安置4~6个测站为宜。沿线标定待定点（转点）的地面标志。

（2）在起点与第一个待定点分别立尺，然后在两立尺点之间设站，安置好水准仪后，按以下顺序进行观测：

① 照准后视尺黑面，进行对光、调焦，消除视差；精平（将水准气泡影像符合）后，分别读取上、下丝读数和中丝读数，分别记入记录表（1）（2）（3）顺序栏内，如表2-10所示。

② 照准前视尺黑面，消除视差并精平后，读取上、下丝和中丝读数，分别记入记录表（4）、（5）、（6）顺序栏内。

③ 照准前视尺红面，消除视差并精平后，读取中丝读数，记入记录表（7）顺序栏内。

④ 照准后视尺红面，消除视差并精平后，读取中丝读数，记入记录表（8）顺序栏内。

这种观测顺序简称为"后-前-前-后"，目的是减弱仪器下沉对观测结果的影响。

（3）测站的检核计算。

① 计算同一水准尺黑、红面分划读数差（即黑面中丝读数 + K − 红面中丝读数，其值应 ≤3 mm），填入记录表（9）、（10）顺序栏内。

$$（9）=（6）+ K −（7）$$

$$（10）=（3）+ K −（8）$$

② 计算黑、红面分划所测高差之差，填入记录表（11）、（12）、（13）顺序栏内。

$$（11）=（3）−（6）$$

$$（12）=（8）−（7）$$

$$（13）=（10）−（9）$$

③ 计算高差中数，填入记录表（14）顺序栏内。

$$（14）=[（11）+（12）±0.100]/2$$

④ 计算前后视距（即上、下丝读数差×100，单位为 m），填入记录表（15）、（16）顺序栏内。

$$（15）=（1）−（2）$$

$$（16）=（4）−（5）$$

⑤ 计算前后视距差（其值应≤5 m），填入记录表（17）顺序栏内。

$$（17）=（15）−（16）$$

⑥ 计算前后视距累积差（其值应≤10 m），填入记录表（18）顺序栏内。

$$（18）=上（18）+本（17）$$

（4）用同样的方法依次施测其他各站。

（5）各站观测和验算完后进行路线总验算，以衡量观测精度。其验算方法如下：

当测站总数为偶数时：$\sum（11）+ \sum（12）= 2\sum（14）$

当测站总数为奇数时：$\sum（11）+ \sum（12）= 2\sum（14）±0.100$ m

末站视距累积差：末站（18）$= \sum（15）− \sum（16）$

水准路线总长：$L = \sum（15）+ \sum（16）$

高差闭合差：$f_h = \sum（14）$

高差闭合差的允许值：$f_{h允} = ±20\sqrt{L}$ 或 $f_{h允} = ±6\sqrt{n}$，单位是 mm，式中 L 为以 km 为单位的水准路线长度；n 为该路线总的测站数。如果算的结果是 $|f_h| < |f_{h允}|$，则可以进行高差闭合差调整，若 $|f_h| > |f_{h允}|$，则应立即进行重测该闭合路线。

五、注意事项

（1）每站观测结束后应立即进行计算、检核，若有超限则重新设站观测。全路线观测并计算完毕，且各项检核均已符合，路线闭合差也在限差之内，即可收测。

（2）注意区别上、下视距丝和中丝读数，并记入记录表相应的顺序栏内。

（3）四等水准测量作业的集体性很强，全组人员一定要相互合作，密切配合，相互体谅。

（4）严禁为了快出成果而转抄、涂改原始数据。记录数据要用铅笔，字迹要工整、清洁。

（5）有关四等水准测量的技术指标限差规定要满足相关要求。

六、实验表格（表2-10、表2-11）

表2-10 四等水准测量记录表

时间：　　天气：　　成像：　　观测者：　　记录者：　　班级：　　小组：

测站编号	点号	后尺 下丝 / 上丝 / 后视距/m / 视距差 d /m	前尺 下丝 / 上丝 / 前视距/m / ∑d /m	方向及尺号	标尺读数 /m 黑面	标尺读数 /m 红面	黑+K-红 /mm	高差中数 /m	备注
		（1）	（4）	后	（3）	（8）	（10）		
		（2）	（5）	前	（6）	（7）	（9）	（14）	
		（15）	（16）	后－前	（11）	（12）	（13）		
		（17）	（18）						
				后					K为水准尺常数，如 $K_{105}=4.787$ m $K_{106}=4.687$ m
				前					
				后－前					
				后					
				前					
				后－前					
				后					
				前					
				后－前					

			后				
			前				
			后 − 前				
			后				
			前				
			后 − 前				
检核	$\sum (15) - \sum (16) = $ 末站 (18) $[\sum (3) + \sum (8)] - [\sum (6) + \sum (7)] = \sum (11) + \sum (12) = 2\sum (14)$ 总视距 $= \sum (15) + \sum (16)$						

表 2-11　水准测量成果计算表

点号	距离/m	测站	实测高差/m	高差改正数/mm	改正后高差/m	高程/m	辅助计算
							$f_h =$
							$f_{h容} =$
$\sum$							

七、思　考

（1）四等水准测量与普通水准路线测量的测量方式区别？

（2）总结四等水准测量工作中要注意事项？

一、目的与要求

（1）加深理解三角高程测量几何原理。

（2）掌握三角高程测量方法。

二、仪器工具

全站仪 1 台，脚架 3 个，棱镜 2 个，小钢尺 3 把，记录板 1 个。自备计算器、铅笔、小刀、计算用纸。

三、实验知识要点

（1）三角高程测量是测量两点间的水平距离或斜距和竖直角（即倾斜角），然后利用三角公式计算出两点间的高差。当地形高低起伏、两点间高差较大而不便于进行水准测量时，可以用三角高程测量的方法测定两点间的高差和点的高程。

（2）如图 2-26 所示，在 A 点安置全站仪，用卷尺量取仪器高 i（地面点至全站仪横轴的高度），在 B 点安置觇牌，量取目标高 1（地面点至觇牌中心或觇牌横轴的高度），测定垂直角 α，斜距 S，B 点的高程为：$H_A + S \cdot \sin\alpha + i - 1$

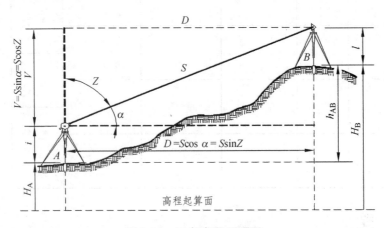

图 2-26　三角高程原理图

（3）三角高程测量两点距离较远时，应考虑加地球曲率和大气折光影响的改正（两差改正）。一般情况取 $k = 0.14$。

$$f = f_1 + f_2 = (1-k)\frac{D^2}{2R}$$

取不同的 D 值时两差改正的数值列于下表中。由表 2-12 可知，当两点水平距离 $D<300$ m 时，其影响不足 10 mm，故一般规定当 $D<300$ m，不考虑两差改正，当 $D>300$ m，才考虑其影响。

表 2-12　不同 D 值时两差改正的数值

D/m	100	200	300	500	1 000
f/mm	1	3	6	17	67

（4）由于折光系数 k 不能精确测定，地球曲率和大气折光影响的改正始终带有误差，且距离越长误差越大。为了进一步减小大气折光的影响，在高等级三角高程测量中，通常采用两点间同时对向观测，计算两点间往返高差，并以其平均值作为最终值。

四、实验方法与步骤

（1）在测站上安置全站仪，量取仪器高 i；在目标点上安置觇牌，量取目标高 l，i 和 l 用小钢卷尺量，读数至毫米，按照《工程测量标准》（GB 50026—2020）要求，使用电磁波测距时，仪器和觇牌高度量取应在观测前后各量取一次，并精确至 1 mm，取其平均值作为最终高度。

（2）用全站仪望远镜中横丝瞄准觇牌中心，读取竖盘读数，盘左，盘右观测一测回，计算竖直角 δ。

（3）用全站仪测定斜距 S，或用坐标反算两点间的水平距离 D。

（4）用上述同样方法将仪器和棱镜互换位置，完成三角高程测量（即返测），并记录测量成果。

五、注意事项

（1）三角高程测量两点距离较远时，应考虑加地球曲率和大气折光影响的改正（两差改正）。

（2）两点间对向观测高差取平均，能抵消两差影响。

六、实验表格（表 2-13）

表 2-13 三角高程观测记录表

日期：　　　　　　　　天气：　　　　　　　　温度：

仪器型号：　　　　　　成像：　　　　　　　　观测员：

序号	测序	测站	仪高	目标点	棱镜高	竖盘左读数	竖盘右读数	竖盘指标差	竖直角	斜距	平距	边长相对精度	高差	平均高差	备注
1	往测														
	返测														
2	往测														
	返测														
3	往测														
	返测														
4	往测														
	返测														

七、思　考

（1）影响三角高程测量精度的因素有哪些？如何消除或削弱这些因素的影响？

（2）如何进行三角高程测量对向观测？为什么对向观测可以消除地球曲率和大气折光对三角高程测量的影响？

实验 四 卫星定位高程测量

一、目的与要求

（1）掌握卫星定位高程测量的基本理论。
（2）掌握卫星定位高程测量的一般方法。

二、仪器工具

（1）从仪器室借领：卫星定位接收机 1 台，三脚架 1 个，卷尺 1 个，记录板 1 块。
（2）自备：铅笔、计算器、电脑及相关的编程软件。

三、实验知识要点

（1）大地水准面、参考椭球面、正常高、大地高之间的关系如图 2-27 所示。

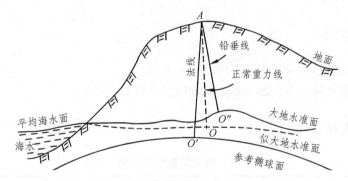

图 2-27　高程系统之间关系

大地高：地面上某点到沿通过该点的椭球面法线到参考椭球面的距离。
海拔高（正高）：地面上某点到沿通过该点的重力线到大地水准面的距离。
大地高与海拔高之间的高程差成为高程异常。卫星定位高程测量就是将 GNSS 技术测得的地面点大地高转换为正高的过程，需要建立一定的数学模型求算不同位置高程异常。
（2）卫星定位高程测量可适用五等高程测量，测量过程宜与平面控制测量一起进行，测量过程中与水准点进行联测，并建立拟合模型完成高程测量数据处理。
（3）卫星定位高程测量的水准点联测应符合下列规定：
① 卫星定位高程网宜与四等或四等以上的水准点联测，联测的高程点宜分布在测区的四周和中央，若测区为带状地形，联测的高程点应分布于测区两端及中部两侧；
② 联测点数宜大于选用计算模型中未知参数个数的 1.5 倍，相邻联测点之间距离宜小于 10 km；
③ 地形高差变化大的地区应增加联测的点数,联测点数宜大于选用计算模型中未知参数个数的 2 倍。

（4）卫星定位高程测量成果，应进行检验，检验点数不应少于全部高程点的 5%，并不应少于 3 个点。

四、实验方法与步骤

（1）根据测区资料确定联测水准点分布，保证联测水准点和检验水准点个数满足规范要求。

（2）在联测水准点、检验水准点和其他未知点进行卫星定位高程测量，测量方式见"GNSS 网络 RTK 坐标测量"实验。

（3）根据测量点地形情况选择合适的拟合模型，对于地形平坦的小测区，可采用平面拟合模型，对于地形有起伏的大面积测区，宜采用曲面拟合或采用分区拟合的方法进行；利用编程软件求得模型参数。

（4）检验水准点的水准高和卫星定位高程测量成果是否符合要求，高差较差的限制应按下式计算：

$$\Delta_h = 30\sqrt{D}$$

式中，Δ_h 为高差较差的限值（mm），D 为检查路线的长度（km）。

五、注意事项

（1）卫星定位测量需联测高精度的已知水准点。
（2）拟合高程计算，不应超出拟合高程模型所覆盖的范围。

六、实验表格（表 2-14）

表 2-14　高程测量数据观测计算表

点号	观测值			已知水准高 h	较差/mm	备注
	北坐标 x	东坐标 y	大地高 H			
本项目使用的拟合模型：						

七、思 考

（1）卫星定位高程测量有什么优势？

（2）卫星定位高程测量拟合模型有哪些，各模型的适用条件？

一、目的与要求

（1）掌握高程测设的一般方法。

（2）要求测设误差不大于 1 cm。

二、仪器工具

（1）由仪器室借领：水准仪 1 台，水准尺 1 根，木桩若干个，榔头 1 把，测伞 1 把，记录板 1 块，皮尺 1 把。

（2）自备：铅笔、计算器。

三、实验知识要点

已知高程的测设，是根据施工现场已有的水准点将设计高程在实地标定出来。它与水准测量不同之处在于它不是测定两固定点之间的高差，而是根据一个已知高程的水准点，测设设计所给定点的高程。

四、实验方法与步骤

测设已知高程 HA：

（1）在水准点 $BM1$ 与待测高程点 A（打一木桩）之间安置水准仪，读取 $BM1$ 点的后视读数 a，根据水准点 $BM1$ 的高程 H_1 和待测高程 H_A，计算出 A 点的前视读数 $b = H_1 + a - H_A$。

（2）让水准尺紧贴 A 点木桩侧面上、下移动，当视线水平，中丝对准尺上读取读数为 b 时，沿尺底在木桩上画线，画线处即为测设的高程位置。如图 2-28 所示。

（3）重新测定上述尺底线的高程，检查误差是否超限。

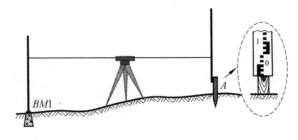

图 2-28　高程测设

五、注意事项

当视线水平，水准尺紧贴 A 点木桩侧面上、下移动时，中丝却始终无法在水准尺上读取读数 b 时，则只需把水准尺立在 A 点木桩顶上，直接读取一个中丝读数 b 读，然后计算出其与应有读数 b 的差值 $\Delta b = b - b$ 读，若 Δb 大于 0，则说明待定点的设计高程距离桩面向下挖 Δb m，若 Δb 小于 0，则说明待定点的设计高程距离桩面应向上填 Δb m。并在木桩的侧面用箭头标好向上填或向下挖的数值 Δb。

六、实验表格（表2-15）

表 2-15 高程测设数据记录表

日期：	天气：	小组：		仪器型号：	
1. 测设高程/m					
水准点高程	后视读数	视线高程		设计高程	前视应读数
2. 高程检测					
点号	后视读数	前视读数	高差/m	高程/m	备注

七、思考

（1）已知高程测设与水准测量的不同？

（2）除了使用本实验的水准仪进行已知高程测设工作，还可使用哪些仪器，操作步骤是什么？

第三节
角度测量

 测回法测水平角

一、目的与要求

（1）进一步熟悉 DJ$_6$ 级光学经纬仪的正确安置和操作方法。

（2）掌握测回法观测水平角的观测程序及记录和计算的方法。

（3）熟悉测回法测水平角的相关精度指标。

（4）每 4 人 1 组，一组同测一个角，每人至少测 1 测回，测回间要按 $180°/n$ 配置度盘。

二、仪器工具

每 4 人 1 组，每组配备 DJ$_6$ 级光学经纬仪 1 台，记录板 1 块。自备铅笔、计算器。

三、实验知识要点

（1）水平角是指从空间一点出发的两条方向线在水平面上的投影所成的角度。

（2）测回法：当所测的角度只有两个方向时，通常采用测回法观测。这种方法要用盘左和盘右两个位置进行观测。观测时目镜朝向观测者，如果竖盘位于望远镜的左侧，称为盘左；如果位于右侧，则称为盘右。通常先以盘左位置测角，称为上半测回。两个半测回合在一起称为一测回。

（3）为了获得更为精确的角度值，一般要对一个角测几个测回。每个测回要使零方向处于度盘的不同位置，叫配置度盘。目的是消除度盘刻划不均匀对测角带来的影响。具体方法是按 $180°/n$ 变换度盘位置（n 是测回数）。

（4）水平角的计算永远是右边目标减左边目标，若右边目标读数小于左边目标读数，则先加 360° 后再减左边目标。

（5）对于 DJ$_6$ 级光学经纬仪，如果上下两半测回角值之差不超过 $\pm 40''$，各测回角值互差应小于 $24''$，即认为观测合格。

四、实验方法与步骤

（1）安置仪器于测站点上（即角顶点上），进行对中和整平。

（2）盘左照准左方目标 A，读记水平度盘读数 a_L。

（3）盘左顺时针方向转动照准部，照准右方目标 B，读记水平度盘读数 b_L。

（4）以上为上半测回，计算上半测回角值 $\beta_L = b_L - a_L$。

（5）纵转望远镜，把竖直度盘旋转至视线的右边变为盘右。

（6）盘右逆时针方向转动照准部，照准右方目标 B，读记水平度盘读数 b_R。

（7）盘右继续逆时针方向转动照准部，照准左方目标 A，读记水平度盘读数 a_R。

（8）以上为下半侧回，计算下半测回角值 $\beta_R = b_R - a_R$。

（9）计算上、下半测回角值较差 $\Delta\beta = \beta_L - \beta_R$。

（10）若 $\Delta\beta$ 大于容许较差（对 DJ$_6$ 经纬仪来说，上下半测回差值不超过 ±40″），则未达到精度要求，应予重测。若 $\Delta\beta$ 未超过容许较差，表明达到精度要求，则取上下半测回的平均值作为 1 测回的角值。

（11）依同法完成其余测回的观测，检查各测回角值误差是否超限，并计算平均角值。

五、注意事项

（1）仪器安置稳妥，观测过程中不可触动三脚架。

（2）观测过程中，照准部水准管气泡偏移不得超过 1 格。测回间允许重新整平，测回中不得重新整平。

（3）各测回盘左照准左方目标（即起始目标）时，应按规定配置平盘读数。

（4）观测过程中，切勿误动度盘变换手轮，以免出现错误。

（5）盘左顺时针方向转动照准部，盘右逆时针方向转动照准部。半测回内，不得反向转动照准部。

（6）观测者和记录者应坚持回报制度。

（7）水平度盘是顺时针方向刻划。故计算水平角值时，应用右方目标的读数减左方目标的读数。当右边目标读数小于左边目标读数时，右边目标读数应先加 360° 后再减左边目标读数。

六、实验表格（表 2-16）

表 2-16　测回法观测记录表

测站	测回	盘位	目标	水平度盘读数 ° ′ ″	半测回角值 ° ′ ″	一测回角值 ° ′ ″	各测回平均角值 ° ′ ″	备注
		左						
		右						

测站	测回	盘位	目标	水平度盘读数 ° ′ ″	半测回角值 ° ′ ″	一测回角值 ° ′ ″	各测回平均角值 ° ′ ″	备注
		左						
		右						
		左						
		右						
		左						
		右						
		左						
		右						
观测点位 略图								

七、思 考

（1）测回法测水平角，如何配置度盘？

（2）仪器操作过程中，有哪些注意事项？

一、目的与要求

（1）掌握方向观测法测水平角的操作程序及记录、计算方法。

（2）掌握归零差、2c 值的相关概念及各项限差要求。

（3）熟悉方向观测法测水平角的相关精度指标。

二、仪器工具

每 4 人 1 组，每组配备 DJ_6 级光学经纬仪 1 台，记录板 1 块。自备铅笔、计算器。

三、实验知识要点

（1）方向观测法：当所测的角度有两个以上方向时，通常采用方向观测法观测，观测从零方向开始，最后再回到零方向（转一圆周），因此方向法也称为"全圆测回法"。

（2）归零差：水平角按全圆方向法观测时的测站限差之一。在半测回中，为起始和结束两次对零方向观测的方向值之差。

（3）2c 互差：一个测回内盘左与盘右的差值。

（4）使用 DJ_2 或 DJ_6 经纬仪时，应符合一级及以下等级的相关测量指标要求，如表 2-17 所示。

表 2-17 角度测量指标

仪器	半测回归零差（″）	一测回内 2c 互差（″）
DJ_2	12	18
DJ_6	18	—

四、实验方法与步骤

如图 2-29 所示，O 是测站点，要观测 A、B、C、D 各方向之间的水平角。其观测步骤如下：

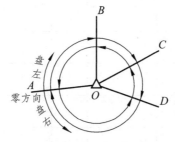

图 2-29 方向观测法示意图

（1）盘左。在 A、B、C、D 四点中选取一个与 O 点距离适中，目标成像较清楚的点位作为起始方向，如 A 方向。精确瞄准 A，水平度盘配置在 0（或稍大些），读数记录，然后按顺时针方向转动照准部依次瞄准 B、C、D，读数记录。为检核水平度盘在观测过程中是否发生变动，应再次瞄准 A，读取水平度盘读数，这一步骤被称为归零观测。起始方向两次水平度盘读数之差称为半测回归零差，此为上半测回观测。

（2）盘右。按逆时针方向依次瞄准 A、D、C、B，读取水平度盘读数，再次瞄准 A 进行归零观测，将观测数据记录在表格中，检查半测回归零差，此为下半测回观测。上、下半测回合称一个测回。如果为了提高测角精度需观测几个测回时，每测回仍应按 $180°/n$ 的差值变换水平度盘的起始位置。

五、注意事项

（1）仪器安置稳妥，观测过程中不可触动三脚架。

（2）观测过程中，照准部水准管气泡偏移不得超过 1 格。测回间允许重新整平，测回中不得重新整平。

（3）各测回盘左照准左方目标（即起始目标）时，应按规定配置水平度盘读数。

（4）观测过程中，切勿误动度盘变换手轮，以免出现错误。

（5）盘左顺时针方向转动照准部，盘右逆时针方向转动照准部。半测回内，不得反向转动照准部。

（6）观测者和记录者应坚持回报制度。

（7）记录数据时盘左读数在记录中是从上到下记录，盘右时是从下而上地记录。

（8）测角过程中要做到边测边算，切忌测完后再算。

六、实验表格（表 2-18）

表 2-18　方向观测法观测记录表

测站	测回数	目标	水平度盘读数		2C	盘左、盘右平均值	归零后水平方向值	各测回平均水平方向值
			盘左观测	盘右观测				
1	2	3	4	5	6	7	8	9

测站	测回数	目标	水平度盘读数		2C	盘左、盘右平均值	归零后水平方向值	各测回平均水平方向值
			盘左观测	盘右观测				
1	2	3	4	5	6	7	8	9

七、思 考

（1）2c 互差和归零差？

（2）方向观测法和测回法的区别？

一、目的与要求

（1）熟悉经纬仪竖盘的构造特点及注记形式。

（2）掌握竖直角观测的观测程序及记录和计算的方法。

（3）每 4 人 1 组，每人至少完成一个目标一个测回的竖直角的观测、记录和计算。

二、仪器工具

每 4 人 1 组，每组配备 DJ_6 级光学经纬仪 1 台，记录板 1 块。自备铅笔、计算器。

三、实验知识要点

（1）竖直度盘的刻划也是在全圆周上刻为 360°。通常在望远镜方向上注以 0°及 180°，在视线水平时，指标所指的读数为 90°或 270°。竖盘读数也是通过一系列光学组件传至读数显微镜内读取。

（2）判断竖盘注记形式及竖直角的计算公式：把竖盘置于盘左位置，把望远镜往上抬一仰角，观察竖盘读数，若竖盘读数大于 90°，则为全圆逆时针注记（天顶读数为 180°），此时竖直角的计算公式为：$\alpha_左 = L - 90°$，$\alpha_右 = 270° - R$；若竖盘读数小于 90°，则为全圆顺时针注记（天顶读数为 0°），此时竖直角的计算公式为：$\alpha_左 = 90° - L$，$\alpha_右 = R - 270°$。

（3）竖盘指标差：当竖盘指标水准管气泡居中时，指标并不恰好指向 90°或 270°，而与正确位置相差一个小角度 x，x 称为竖盘指标差。不论竖盘是顺时针刻划还是逆时针刻划，竖盘指标差的计算方法都一样，为：$x = [(L + R) - 360°] / 2$。

四、实验方法与步骤

（1）安置仪器于测站点上，对中和整平。

（2）选定观测目标后，按下列步骤进行竖直角观测：

① 盘左精确瞄准目标，旋转竖盘指标水准管微动螺旋，使竖盘指标水准管气泡居中，读取竖盘读数 L。

② 盘右精确瞄准目标，旋转竖盘指标水准管微动螺旋，使竖盘指标水准管气泡居中，读取竖盘读数 R，记录。一测回观测结束。

③ 根据竖盘注记形式确定竖直角计算公式，将观测值 L、R 代入公式计算竖直角和指标差 x。

五、注意事项

（1）照准目标时，应检查并消除视差。

（2）盘左、盘右观测同一目标时，应用十字丝横丝切准目标的同一部位。

（3）为了消除仪器检校残存误差的影响，盘左、盘右观测同一目标时，目标影像应位于十字丝竖丝左、右的对称位置。

（4）每次读数前，应使竖盘读数指标管水准气泡严格居中（或竖盘读数指标自动归零补偿器处于工作状态）。

（5）观测不同目标或同一目标不同测回所计算的多个竖盘指标差，其最大较差 Δx_{max} 不得超过 $25''$，超限应重测。

（6）注意竖直角 α 的符号，α 为正即为仰角；α 为负即为俯角。故高度角的正、负号必须书写，特别是"+"号不可省略。

（7）建议选择观测目标时应高、低目标至少各选一个。

六、实验表格（表 2-19）

表 2-19　竖直角观测记录

测站	目标	竖盘位置	竖盘读数 ° ′ ″	半测回竖直角 ° ′ ″	指标差 ′ ″	一测回竖直角 ° ′ ″	备注
		左					
		右					
		左					
		右					
		左					
		右					
		左					
		右					
		左					
		右					

七、思 考

（1）什么是竖盘指标差？

（2）竖直角测量过程中如何瞄准观测目标？

第四节
距离测量

实验 一 钢尺量距

一、目的与要求

（1）掌握钢尺量距的一般方法。

（2）钢尺量距相对误差不大于 1/3 000。

二、仪器工具

（1）30 m 或 50 m 钢尺 1 把，3 m 花杆 3 根，测钎 4 根，木桩 2 个，锤子 1 把，记录板 1 个。

（2）自备铅笔 1 支。

三、实验知识要点

（1）距离测量有多种方法，如钢尺量距、视距测量、电磁波测距。钢尺量距方便，直接，且使用的工具成本低；视距测量利用经纬仪或水准仪望远镜中的视距丝和视距尺按几何光学原理进行测距；电磁波测距是用仪器发射及接收红外光，激光或微波等，按其传播速度及时间确定距离。

（2）钢尺量距如图 2-30 所示，沿 A 至 B 点逐个标记出整尺段位置，丈量 B 端不足整尺段的余长。

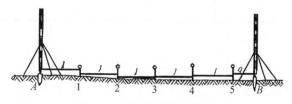

图 2-30　钢尺量距示意图

四、实验方法与步骤

（1）在地面选定相距约 100 m 的 A、B 两点，打下木桩，在桩顶钉一小钉或画十字作为点位，在 A，B 点外侧竖立花杆。

（2）后尺手执尺零端，插一根测钎于起点 A，前尺手持尺盒（或尺把）并携带其余测钎沿 AB 方向前进，行至一尺段处停下。

（3）一人立于 A 点后面 1~2 m 处定线，指挥持花杆者将花杆左、右移动，使其插在 AB 方向上。

（4）后尺手将尺零点对准点 A，前尺手沿直线拉紧钢尺，在尺末端刻线处竖直地插下测钎，这样便量完一个尺段。后尺手拔起 A 点测钎与前尺手共同举尺前进，同法继续丈量其余各尺段，每量完一个尺段，后尺手都要拔起测钎。

（5）最后，不足一整尺段时，前尺手将某一整数分划对准 B 点，后尺手在尺的零端读出厘米和毫米数，两数相减求得余长。往测全长 $D = nl + q$（n 为整尺段数，l 为钢尺长度，q 为余长）。

（6）同法由 B 向 A 进行返测，但必须重新进行直线定线，计算往、返丈量的平均值及相对误差，检查是否超限。

五、注意事项

（1）爱护钢尺，勿沿地面拖拉，严防打圈、受压，使用后擦净上油，不得握住尺盒（或尺把）来拉紧钢尺，以免拉断尺尾。

（2）钢尺要拉平、拉直、拉稳，用力要均匀。

（3）测钎要插直，若地面坚硬，可在地面画记号。

六、实验表格（表 2-20）

表 2-20　钢尺量距记录表

线段	观测次数	整尺段/m	零尺段/m	总计/m	相对误差	平均值/m	备注
	往测						
	返测						
	往测						
	返测						
	往测						
	返测						

七、思　考

（1）钢尺量距的操作步骤？

（2）钢尺量距过程中的注意事项有哪些？

实验 二 视距测量

一、目的与要求

（1）理解视距测量的原理。

（2）掌握用视距测量的方法测定地面两点间的水平距离和高差的方法。

（3）学会用计算器进行视距计算。

（4）每4人1组，观测、记录、计算、立尺轮流操作。

二、仪器工具

经纬仪1台、视距尺1根、2m钢卷尺1把、记录板1块。自备铅笔、计算器。

三、实验知识要点

（1）普通视距测量原理：利用望远镜内十字丝分划板上的视距丝（上、下丝）及刻有厘米分划的视距标尺（地形塔尺或普通水准尺），根据光学原理可以同时测定两点间的水平距离和高差。

（2）视距测量计算公式：

下丝在标尺上的读数为 a，上丝在标尺上的读数为 b，i 为仪器高，v 为中丝在标尺上的读数，视距间隔 l（$l = a - b$）。

视准轴水平时，则水平距离 $D = Kl$，测站点到立尺点的高差为 $h = i - v$；

视准轴倾斜时，则水平距离 $D = Kl\cos^2\alpha$，$h = D\tan\alpha + i - v$；

通常情况下 $K = 100$。

（3）视距测量的误差主要有读数误差、标尺不竖直误差、外界条件的影响，此外还有：标尺分划误差、竖直角观测误差、视距常数误差等。

四、实验方法与步骤

（1）在地面选定间距大于 40 m 的 A，B 两点并做好标记。

（2）将经纬仪安置（对中、整平）于 A 点，用小卷尺量取仪器高 i（地面点到仪器横轴的距离），精确到厘米，记录。

（3）在 B 点上竖立视距尺。

（4）上仰望远镜，根据读数变化规律确定竖角计算公式，写在记录表格表头。

（5）望远镜盘左位置瞄准视距尺，使中丝对准视距尺上仪器高 i 的读数 v 处（即使 $v = i$），读取下丝读数 a 及上丝读数 b，记录，计算尺间隔 $l_左 = a - b$。

（6）转动竖盘指标水准管微倾螺旋使竖盘指标水准管气泡居中（电子经纬仪无此操作），读取竖盘读数 L，记录，计算竖直角 $\alpha_{左}$。

（7）望远镜盘右位置重复第 5，6 步得尺间隔 $l_{右}$ 和 $\alpha_{右}$。

（8）计算竖盘指标差，在限差满足要求时，计算盘左、盘右尺间隔及竖直角的平均值 l，α。观测数据记入表 2-21 中。

（9）用计算器根据 l，α 计算 AB 两点的水平距离 D_{AB} 和高差 h_{AB}。当 A 点高程给定时，计算 B 点高程。

（10）再将仪器安置于 B 点，重新用小卷尺量取仪器高 i，在 A 点立尺，测定 BA 点间的水平距离 D_{BA} 和高差 h_{BA}，对前面的观测结果予以检核，在限差满足要求时，取平均值求出两点间的距离 D_{AB} 和高差 h_{AB}。（$h_{AB} = -h_{BA}$）。当 A 点高程给定时，计算 B 点高程。

（11）上述观测完成后，可随机选择测站点附近的碎部点作为立尺点，进行视距测量练习。

五、注意事项

（1）观测时，竖盘指标差应在 ±25″ 以内；上、中、下 3 丝读数应满足。

$$\left| \frac{上+下}{2} - 中 \right| \leqslant 6 \text{ mm}$$

（2）用光学经纬仪中丝读数前，应使竖盘指标水准管气泡居中。

（3）视距尺应立直。

（4）水平距离往返观测的相对误差的限差 $k_{容} = 1/300$；高差之差的限差 $\Delta h_{容} = \pm 5 \text{ cm}$。

（5）若 AB 两点间高差较小，则可使视线水平，即盘左读数为 90°（盘右读数为 270°），读取上丝读数 a'、下丝读数 b'，计算视距间隔 $l' = b' - a'$，再使竖盘指标水准管气泡居中，读取中丝读数 v，计算水平距离 $D = kl$，高差 $h = i - v$。

六、实验表格（表 2-21）

表 2-21　视距测量记录

仪器号＿＿＿＿＿＿　天气＿＿＿＿＿＿　测站点高程＿＿＿＿＿＿　仪器高＿＿＿＿＿＿

地点＿＿＿＿＿＿　观测者＿＿＿＿＿＿　记录者＿＿＿＿＿＿　竖角计算公式＿＿＿＿＿＿

测站	立尺点号	下丝读数 a 上丝读数 b 尺间隔 l	中丝读数 v	竖盘读数及半测回竖直角 ° ′ ″	一测回竖直角及指标差 ° ′ ″	水平距离 D /m	高差 h /m	高程 H /m
				$L =$				
				$\alpha_{左} =$	$\alpha =$			
				$R =$	$x =$			
				$\alpha_{右} =$				

仪器号_____ 天气_____ 测站点高程_____ 仪器高_____
地点_____ 观测者_____ 记录者_____ 竖角计算公式_____

测站	立尺点号	下丝读数 a 上丝读数 b 尺间隔 l	中丝读数 v	竖盘读数及半测回竖直角 ° ′ ″	一测回竖直角及指标差 ° ′ ″	水平距离 D /m	高差 h /m	高程 H /m
				$L=$	$\alpha=$			
				$\alpha_左=$	$x=$			
				$R=$				
				$\alpha_右=$				
				$L=$				
				$\alpha_左=$	$\alpha=$			
				$R=$	$x=$			
				$\alpha_右=$				
				$L=$				
				$\alpha_左=$	$\alpha=$			
				$R=$	$x=$			
				$R=$				
				$\alpha_右=$				

七、思 考

（1）视距测量原理？

（2）视距测量的误差来源有哪些？

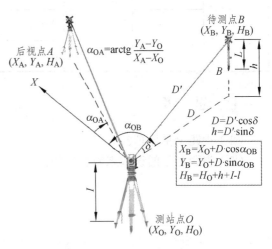

实验 一 　全站仪三维坐标测量

一、目的与要求

（1）掌握普通全站仪参数输入、设置的方法。

（2）掌握全站仪三维坐标测量的原理及操作方法。

二、仪器工具

全站仪 1 套、对讲机 1 对、棱镜 1 套、测伞 1 把、记录板 1 块。自备铅笔、小刀、草稿纸。

三、实验知识要点

全站仪坐标测量原理：

如图 2-31 所示，地面上 A、O 两点的三维坐标已知，且分别为（X_A，Y_A，H_A）、（X_O，Y_O，H_O），B 为待测点，设其坐标为（X_B，Y_B，H_B），若在 O 点安置仪器，A 为后视点（即定向点）。首先把 A、O 两点的坐标输入全站仪，仪器便能自动根据坐标反算公式计算出 OA 边的坐标方位角 α_{OA}，如图所示。在瞄准后视点 A 后，通过键盘操作，可将此时的水平度盘读数设置为计算出的 OA 方向的坐标方位角，即此时仪器的水平度盘读数就与坐标方位角相一致（即仪器转到任一方向，水平度盘显示的度数即为该方向的坐标方位角）。当仪器瞄准 B 点，显示的水平角就是 OB 方向的坐标方位角。测出 OB 的斜距 D' 后，仪器可根据所测的竖直角 δ 计算出 OB 的水平距离 D，然后根据坐标正算公式和三角高程测量原理即可计算出待测点 B

图 2-31　全站仪坐标测量原理

的三维坐标。相关计算公式如图所示。实际上上述计算是由全站仪的内置软件自动完成的，通过操作键盘可直接读出待测点的三维坐标。

四、实验方法与步骤

下面以 SET510 全站仪为例叙述全站仪的三维坐标测量操作方法。

1. 安置仪器

（1）在地面上任选一测站点 O 安置全站仪，对中、整平并量取仪器高。

（2）在后视点（定向点）安置三脚架，进行对中、整平，并将安装好棱镜的棱镜架安装在三脚架上。通过棱镜上的缺口使棱镜对准望远镜，在棱镜架上安装照准用觇板。

2. 测前准备

对全站仪进行如下设定：

在"设置模式"里对全站仪进行如下设定：

（1）设定距离单位为 m；

（2）设定竖直角的显示模式，若选择为"垂直 90°"，则此时显示屏上则直接显示竖直角的大小，而不是竖盘读数。

（3）设定气温单位为°C，设定气压单位与所用气压计的单位一致。

（4）输入全站仪的棱镜常数（不同厂家生产的棱镜会有不同的棱镜常数，SET510 的配套棱镜常数为 – 30）。

3. 数据输入与定向

（1）精确瞄准后视点，拧紧水平制动与竖直制动螺旋。

（2）在测量模式第 1 页菜单下按【坐标】键进入<坐标测量>屏幕，然后选取"测站坐标"后按【编辑】输入测站坐标、量取的仪器高和目标高等信息（具体输入方法可参考全站仪说明书）。界面如图 2-32 所示。

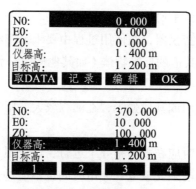

图 2-32　数据输入界面

（3）若已知的是后视点的三维坐标，则选择"坐标定向"，同时把后视点的三维坐标输入到全站仪里，全站仪根据内置程序即可解算出定向边的坐标方位角，如图 2-33（a）所示。

（4）若已知的是定向边的坐标方位角，则选择"角度定向"，同时把定向边的坐标方位角输入到全站仪内，并把此时的水平度盘读数设置成定向边的坐标方位角，如图 2-33（b）所示。

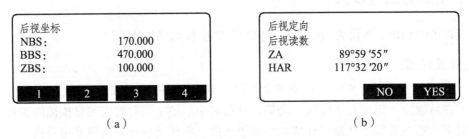

（a）　　　　　　　　　　（b）

图 2-33　后视定向界面

4. 坐标测量

数据输入完毕后，在<坐标测量>屏幕下选取"测量"开始坐标测量。然后照准待测点所立棱角，按下"观测"键，便可显示待测点的三维坐标，如图 2-34 所示。把测得的坐标数据分别记入表 2-22 中。

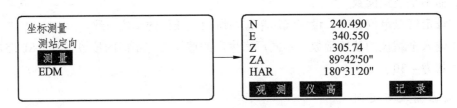

图 2-34　坐标测量界面

五、注意事项

（1）不同厂家生产的全站仪，其功能和操作方法也会有较大的差别，实习前须认真阅读其中的有关内容或全站仪的操作手册。

（2）全站仪是很贵重的精密仪器，在使用过程中要十分细心，以防损坏。

（3）在测距方向上不应有其他的反光物体（如其他棱镜、水银镜面、玻璃等），以免影响测距成果。

（4）不能把望远镜对向太阳或其他强光，在测程较大、阳光较强时要给全站仪和棱镜分别打伞。

（5）连接及去掉外接电源时应在教师指导下进行，以免损坏插头。

（6）全站仪的电池在充电前须先放电，充电时间也不能过长，否则会使电池容量减小，寿命缩短。

（7）电池应在常温下保存，长期不用时应每隔 3~4 个月充电一次。

（8）外业工作时应备好外接电源，以防电池不够用。

六、实验表格（表 2-22）

表 2-22　全站仪三维坐标测量记录表

日期：＿＿＿年＿＿月＿＿日　　天气：＿＿＿＿　仪器型号：＿＿＿＿＿＿＿组号：＿＿＿＿＿

观测者：＿＿＿＿＿＿＿＿记录者：＿＿＿＿＿＿＿＿立棱镜者：＿＿＿＿＿＿＿

已知：测站点＿＿＿＿的三维坐标 $x=$ ＿＿＿＿＿m，$y=$ ＿＿＿＿＿m，$H=$ ＿＿＿＿m。

测站点＿＿＿至后视点＿＿＿＿的坐标方位角 $\alpha=$ ＿＿＿＿＿＿或

测站点＿＿＿的三维坐标 $x=$ ＿＿＿＿＿m，$y=$ ＿＿＿＿＿m，$H=$ ＿＿＿＿m。

量得：测站仪器高＝＿＿＿＿m

待测点	镜高	待测点三维坐标			备注
		x 坐标（N）/m	y 坐标（E）/m	H 高程/m	

七、思　考

（1）坐标测量时定向的目的是什么？

（2）平面坐标测量原理和计算推导？

一、目的与要求

（1）熟悉全站仪的基本操作。
（2）掌握极坐标法测设点平面位置的方法。
（3）要求每组用极坐标法放样至少 4 个点。

二、仪器工具

每组全站仪 1 台、棱镜 2 个、对中杆 1 个、钢卷尺 1 把、记录板 1 个。

三、实验知识要点

测设元素计算：

如图 2-35 所示，A、B 为地面控制点，现欲测设房角点 P，则首先根据下面的公式计算测设数据：

（1）计算 AB、AP 边的坐标方位角：

$$\alpha_{AB} = \arctan\frac{\Delta y_{AB}}{\Delta x_{AB}}$$

$$\alpha_{AP} = \arctan\frac{\Delta y_{AP}}{\Delta x_{AP}}$$

（2）计算 AP 与 AB 之间的夹角：$\beta = \alpha_{AB} - \alpha_{AP}$

$$D_{AP} = \sqrt{(x_P - x_A)^2 + (y_P - y_A)^2} = \sqrt{\Delta x_{AP}^2 + \Delta y_{AP}^2}$$

（3）计算 A、P 两点间的水平距离：

注意：以上计算可由全站仪内置程序自动进行。

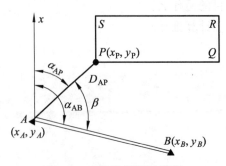

图 2-35 极坐标测设原理

四、实验方法与步骤

（1）仪器安置：在 A 点安置全站仪，对中、整平。

（2）定向：在 B 点安置棱镜，用全站仪照准 B 点棱镜，拧紧水平制动和竖直制动。

（3）数据输入：把控制点 A、B 和待测点 P 的坐标分别输入全站仪。全站仪便可根据内置程序计算出测设数据 D 及 β，并显示在屏幕上。

（4）测设：把仪器的水平度盘读数拨转至已知方向 β 上，拿棱镜的同学在已知方向线上在待定点 P 的大概位置立好棱镜，观测仪器的同学立刻便可测出目前点位与正确点位的偏差值 ΔD 及 $\Delta \beta$（仪器自动显示），然后根据其大小指挥拿棱镜的同学调整其位置，直至观测的结果恰好等于计算得到的 D 和 β，或者当 ΔD 及 $\Delta \beta$ 为一微小量（在规定的误差范围内）时方可。

五、注意事项

（1）不同厂家生产的全站仪在数据输入、测设过程中的某些操作可能会稍不一样，实际工作中应仔细阅读说明书。

（2）在实习过程中，测设点的位置是由粗到细的过程，要求同学在实习过程中应有耐心，相互配合。

（3）测设出待定点后，应用坐标测量法测出该点坐标与设计坐标进行检核。

（4）实习过程中应注意保护仪器和棱镜的安全，观测的同学不应擅自离开仪器。

六、实验表格（表 2-23）

表 2-23　全站仪三维坐标放样记录表

日期：_____年___月___日　天气：_____　　仪器型号：_____　组号：_____

观测者：_____　记录者：_____　　立棱镜者：_____

已知：测站点_____的三维坐标 $x =$ _____m，$y =$ _____m，$H =$ _____m。

定向点_____的三维坐标 $x =$ _____m，$y =$ _____m，$H =$ _____m。

量得：测站仪器高 = _____m，前视点_____的棱镜高 = _____m。

测设点	测设元素	测设点的设计坐标			检核测出的测设点坐标			设计坐标与测设坐标的差值			备注
		x	y	z	x	y	z	Δx	Δy	Δz	
	$D =$										
	$\beta =$										
	$D =$										
	$\beta =$										

测设点	测设元素	测设点的设计坐标			检核测出的测设点坐标			设计坐标与测设坐标的差值			备注
		x	y	z	x	y	z	Δx	Δy	Δz	
	$D=$										
	$\beta=$										
	$D=$										
	$\beta=$										
	$D=$										
	$\beta=$										

七、思　考

（1）结合简图说明极坐标法测设点位的步骤?

（2）测设和测定操作过程有什么不同?

实验 三　GNSS 网络 RTK 坐标测量

一、目的与要求

（1）熟悉 GNSS 设备的网络 RTK 操作步骤。

（2）掌握网络 RTK 测量坐标的方法。

二、仪器工具

5-6 人 1 组，GNSS 接收机 1 套、记录板 1 块。

三、实验知识要点

（1）常见的 GNSS 坐标测量方式：静态测量和动态测量，动态测量一般有单基站 RTK 和网络 RTK 测量。

（2）网络 RTK 原理。

RTK 技术是 GPS 测量技术与数据传输相结合而构成的实时定位技术，主要由基准站和流动站组成。网络 RTK 也称多基准站 RTK，通过在一个区域内均匀布设多个基准站，构成一个基准站网，并以这些基准站中的一个或多个为基准，计算和播发改正信息，对该地区内的卫星定位用户进行实时改正。

（3）网络 RTK 系统的具体应用——CORS 系统。

连续运行卫星导航定位参考站系统（Continuous Operational Reference System，CORS）是由一个或若干个 GNSS 基准站、一个计算机控制中心、数据通信设备和相应的软件组成的一个网络系统。网络 RTK 测量需要通过网络通信接入已建的 CORS 系统方可使用。

四、实验方法与步骤

以南方 GNSS 接收机和"工程之星"软件为例。

（1）连接接收机与对中杆，量取天线高或对中杆长度。

（2）移动站主机和对应操作手簿开机，在操作手簿中打开"工程之星"测量软件，进入配置界面，打开仪器连接功能键，通过蓝牙方式保证操作手簿与移动站主机连接成功。

（3）打开"仪器设置"功能键，设置天线高以及测量记录方式。

（4）打开网络通信。在移动站主机或对应操作手簿安装 SIM 卡或通过热点共享等方式确保网络通信正常。

（5）设置网络 RTK 测量模式。在操作手簿中打开"工程之星"测量软件，进入配置界面，打开"网络设置"功能键，输入已有的 CORS 站参数信息，包括 IP 地址、端口号、账户、密码、接入点。点击"连接"键，进入 CORS 网络连接。

（6）测量。移动站与 CORS 连接成功后，数秒后会显示固定解，即可采集坐标数据。网络 RTK 测量的原始坐标为所连接的 CORS 系统发布坐标，如果需要测量其他坐标系的坐标，则需要联测已知控制点并计算转换参数。

五、注意事项

（1）测量坐标前确保网络连通，网络设置正确，查看测量界面固定解情况。
（2）测量过程要注意周边的遮挡情况，确保接收足够数量卫星。

六、实验表格（表 2-24）

表 2-24　GNSS 网络 RTK 坐标测量记录表

<table>
<tr><td rowspan="2">坐标系统</td><td colspan="4"></td><td>中央子午线</td><td></td><td>高程系统</td><td colspan="2"></td></tr>
<tr><td rowspan="2" colspan="2">流动站</td><td>仪器型号</td><td colspan="3"></td><td>网络 IP 地址</td><td></td><td>网络端口</td><td></td><td>接入点</td></tr>
<tr><td rowspan="2">点号</td><td colspan="3" rowspan="1">实测坐标和高程</td><td colspan="2">采集精度 PDOP</td><td colspan="2" rowspan="2">备注</td></tr>
<tr><td rowspan="9">点坐标测量</td><td></td><td>北坐标 x</td><td>东坐标 y</td><td>大地高 H</td><td>水平精度</td><td>高程精度</td></tr>
<tr><td></td><td></td><td></td><td></td><td></td><td></td><td></td><td></td></tr>
<tr><td></td><td></td><td></td><td></td><td></td><td></td><td></td><td></td></tr>
<tr><td></td><td></td><td></td><td></td><td></td><td></td><td></td><td></td></tr>
<tr><td></td><td></td><td></td><td></td><td></td><td></td><td></td><td></td></tr>
<tr><td></td><td></td><td></td><td></td><td></td><td></td><td></td><td></td></tr>
</table>

七、思　考

（1）网络 RTK 坐标测量的操作步骤？
（2）网络 RTK 坐标测量相比于其他测量方式的优点？

第六节
工程测量

 实验 一　线路纵断面测量

一、目的与要求

（1）熟悉水准仪的使用。

（2）掌握线路纵断面测量方法。

（3）掌握纵断面图的绘制方法。

（4）要求每组完成约 100 m 长的路线纵断面测量。

二、仪器工具

（1）由仪器室借领：水准仪 1 台、水准尺 2 根、尺垫 2 个、皮尺 1 把、木桩若干个、榔头 1 把、记录板 1 块、测伞 1 把。

（2）自备：铅笔、计算器、直尺、格网绘图纸 1 张。

三、方法与步骤

1. 准备工作

（1）指导教师现场讲解测量过程、方法及注意事项。

（2）在给定区域，选定 1 条约 100 m 长的路线，在两端点钉木桩。用皮尺量距，每 10 m 处钉一中桩，并在坡度及方向变化处钉加桩，在木桩侧面标注桩号。起点桩桩号为 0 + 000，如图 2-36 所示。

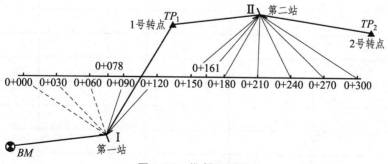

图 2-36　纵断面测量

2. 纵断面测量

（1）水准仪安置在起点桩与第一转点间适当位置作为第一站（I），瞄准（后视）立在附近水准点 BM 上的水准尺，读取后视读数 a（读至 mm），填入记录表格，计算第一站视线高 H_I（$=H_{BM}+a$）。

（2）统筹兼顾整个测量过程，选择前视方向上的第一个转点 TP_1，瞄准（前视）立在转点 TP_1 上的水准尺，读取前视读数 b（读至 mm），填入记录表格，计算转点 TP_1 的高程（$H_{TP_1}=H_I-b$）。

（3）再依此瞄准（中视）本站所能测到的立在各中桩及加桩上的水准尺，读取中视读数 S_i（读至 cm），填入记录表格，利用视线高计算中桩及加桩的高程（$H_i=H_I-S_i$）。

（4）仪器搬至第二站（II），选择第二站前视方向上的 2 号转点 TP_2。仪器安置好后，瞄准（后视）TP_1 上的水准尺，读数，记录，计算第二站视线高 H_{II}；观测前视 TP_2 上的水准尺，读数，记录并计算 2 号转点 TP_2 的高程 H_{TP_2}。同法继续进行观测，直至线路终点。

（5）为了进行检核，可由线路终点返测至已知水准点，此时不需观测各中间点。

注意把观测的数据填入表 2-25 中。

表 2-25　线路中桩纵断面测量外业记录表

日期：＿＿＿年＿＿月＿＿日　　天气：＿＿＿＿　　仪器型号：＿＿＿＿＿＿＿＿　组号：＿＿＿＿＿＿

观测者：＿＿＿＿＿＿＿＿　　记录者：＿＿＿＿＿＿＿＿　　司尺者：＿＿＿＿＿＿＿＿＿

测点及桩号	水准尺读数/m			视高线/m	高　程/m
	后视	中视	前视		

3. 纵断面图的绘制

外业测量完成后，可在室内进行纵断面图的绘制。纵断面图：水平距离比例尺可取为 1∶1 000，高程比例尺可取为 1∶100。纵断面图绘制在格网纸上。

四、注意事项

（1）纵断面测量要注意前进的方向。

（2）中间视因无检核条件，所以读数与计算时，要认真细致，互相核准，避免出错。

（3）线路往、返测量高差闭合差的限差应按普通水准测量的要求计算，$f_{h容} = \pm 12\sqrt{n}$，式中 n 为测站数。超限应重新测量。

一、目的与要求

（1）熟悉水准仪的使用。

（2）掌握线路横断面测量方法。

（3）掌握横断面图的绘制方法。

（4）要求每组完成约 100 m 长的路线横断面测量任务。

二、仪器工具

（1）由仪器室借领：水准仪 1 台、水准尺 2 根、尺垫 2 个、皮尺 1 把、花杆 2 根、方向架 1 个、榔头 1 把、木桩若干个、记录板 1 块、测伞 1 把。

（2）自备：铅笔、计算器、直尺、格网绘图纸 1 张。

三、方法与步骤

1. 准备工作

（1）指导教师现场讲解测量过程、方法及注意事项。

（2）在给定区域，选定 1 条约 100 m 长的路线，在两端点钉木桩。用皮尺量距，每 10 m 处钉一中桩，并在坡度及方向变化处钉加桩，在木桩侧面标注桩号。起点桩桩号为 0 + 000。

2. 横断面测量

首先，在里程桩上，用方向架确定线路的垂直方向，如图 2-37 所示。然后在中桩附近选一点架设水准仪，以中桩为后视点，在垂直中线的左右两侧 20 m 范围内坡度变化处立前视尺，如图 2-38 所示，读数（读至 cm 即可）、记录，中桩至左、右两侧各坡度变化点的距离用皮尺丈量，读至 dm。最后将数据填入横断面测量记录在表 2-26 中。

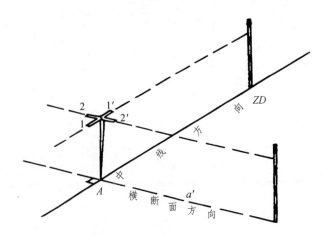

图 2-37 横断面方向的确定

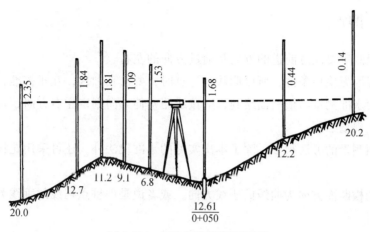

图 2-38 水准仪法横断面测量

3. 横断面图的绘制

外业测量完成后，可在室内进行横断面图的绘制。绘图时一般先将中桩标在图中央，再分左右侧按平距为横轴，高差为纵轴，展出各个变坡点。绘出的横断面图。水平距离比例尺可取为 1∶100，高程比例尺可取为 1∶50。横断面图绘制在格网纸上（表 2-26）。

表 2-26 线路中桩横断面测量外业记录表

日期：_____年___月___日　　　　天气：_____　　　仪器型号：_____　　组号：_____

观测者：_____　　　　记录者：_____　　　司尺者：_____

左　　　　侧（单位：m）		桩号	右　　　　侧（单位：m）	
… … … …	$\dfrac{高差}{平距差}$		$\dfrac{高差}{平距差}$	… … … …

四、注意事项

（1）横断面测量要注意前进的方向及前进方向的左右。

（2）中间视因无检核条件，所以读数与计算时，要认真细致，互相核准，避免出错。

（3）横断面水准测量与横断面绘制，应按线路延伸方向划定左右方向，切勿弄错，横断面图绘制最好在现场绘制。

（4）横断面测量的方法很多，除了本次实习的水准仪法外，还可采用花杆皮尺法、经纬仪法等。

（5）曲线的横断面方向为曲线的法线方向，或者说是中桩点切线的垂线方向。具体确定方法可参考教材。

实验 三 圆曲线主点测设

一、目的与要求

（1）掌握圆曲线主点里程的计算方法。

（2）掌握圆曲线主点的测设方法与测设过程。

二、仪器工具

（1）由仪器室借领：全站仪 1 台、棱镜 1 个、木桩 3 个、测钎 3 个、皮尺 1 把、记录板 1 块、测伞 1 把。

（2）自备：计算器、铅笔、小刀、计算用纸。

三、方法与步骤

（1）在平坦地区定出路线导线的三个交点（JD_1、JD_2、JD_3），如图 2-39 所示，并在所选点上用木桩标定其位置。导线边长要大于 30 m，目估右转角 $\beta_{右} < 145°$。

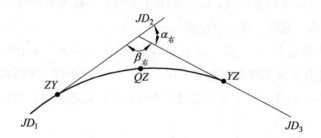

图 2-39 圆曲线主点测设

（2）在交点 JD_2 上安置全站仪，用测回法观测出 $\beta_{右}$，并计算出右转角 $\alpha_{右}$。

$$\alpha_{右} = 180° - \beta_{右}$$

（3）假定圆曲线半径 $R = 100$ m，然后根据 R 和 $\alpha_{右}$，计算曲线测设元素 L、T、E、D。计算公式如下：

切线长 $T = R\tan\dfrac{\alpha}{2}$；曲线长 $L = R\alpha\dfrac{\pi}{180°}$

外距 $E = R\left(\sec\dfrac{\alpha}{2} - 1\right)$；切曲差 $D = 2T - L$

（4）计算圆曲线主点的里程（假定 JD_2 的里程为 $K2 + 300.00$）。计算列表如下：

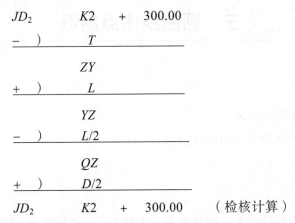

（5）测设圆曲线主点：

① 在 JD_2 上安置全站仪，对中、整平后照准 JD_1 上的测量标志。

② 在 JD_2—JD_1 方向线上，自 JD_2 量取切线长 T，得圆曲线起点 ZY，插一测钎，作为起点桩。

③ 转动全站仪并照准 JD_3 上的测量标志，拧紧水平和竖直制动螺旋。

④ 在 JD_2—JD_3 方向线上，自 JD_2 量取切线长 T，得圆曲线终点 YZ，插一测钎，作为终点桩。

⑤ 用全站仪设置 $\beta_右/2$ 的方向线，即 $\beta_右$ 的角平分线。在此角平分线上自 JD_2 量取外距 E，得圆曲线中点 QZ，插一测钎，作为中点桩。

（6）站在曲线内侧观察 ZY、QZ、YZ 桩是否有圆曲线的线形，以作为概略检核。

（7）小组成员相互交换工种后再重复（1）、（2）、（3）的步骤，看两次设置的主点位置是否重合。如果不重合，而且差得太大，那就要查找原因，重新测设。如在容许范围内，则点位即可确定。

注意把计算的测设数据填入表 2-27 中。

表 2-27　圆曲线主点测设数据记录表

日期：_____　班级：_____　组别：_____　观测者：_____　记录者：_____

交　点　号					交　点　里　程		
转角观测结果	盘位	目　标	水平度盘读数	半测回右角值		右　角	转　角
	盘左						
	盘右						

交 点 号		交 点 里 程	
曲线元素	R（半径）= T（切线长）= E（外距）= α（转角）= L（曲线长）= D（超距）=		
主点里程	ZY桩号： QZ桩号： YZ桩号：		
主点测设方法	测 设 草 图	测 设 方 法	
备注			

四、注意事项

（1）计算主点里程时要两人独立计算，加强校核，以防算错。

（2）本次实习事项较多，小组人员要紧密配合，保证实习顺利完成。

实验四 偏角法圆曲线详细测设

一、目的与要求

（1）掌握用偏角法详细测设圆曲线时测设元素的计算方法。

（2）掌握用偏角法进行圆曲线详细测设的方法和步骤。

（3）要求各小组成员在实习过程中要交换工种。

二、仪器工具

（1）由仪器室借领：全站仪 1 台、木桩若干个、测钎 3 个、皮尺 1 把、记录板 1 块、测伞 1 把。

（2）自备：计算器、铅笔、小刀、计算用纸。

三、方法与步骤

1. 测设原理

偏角法测设的实质就是角度与距离的交会法，它是以曲线起点 ZY 或曲线终点 YZ 至曲线上任一点 P_i 的弦长与切线 T 之间的弦切角 Δ_i（即偏角）和相邻点间的弦长 c_i 来确定 P_i 点的位置。如图 2-40 所示。偏角法测设的关键是偏角计算及测站点仪器定向。偏角及弦长的计算公式如下：

$$\Delta_i = \frac{l_i}{2R} \cdot \frac{180^\circ}{\pi} \qquad c_i = 2R\sin\frac{\varphi_i}{2}$$

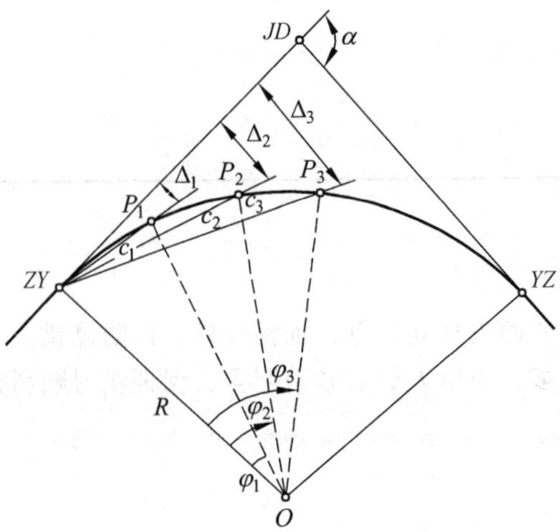

图 2-40 偏角法测设原理

其中弦长与其对应圆弧的弧弦差为：

$$\delta_i = l_i - c_i = \frac{l_i^3}{24R^2}$$

由上式可知，圆曲线半径越大，其弧弦差越小。因此，当圆曲线半径较大时，且相邻两点间的距离不超过 20 m 时，可用弧长代替相应的弦长，其代替误差远小于测设误差。

2. 测设方法

圆曲线详细测设前首先应把圆曲线主点测设出来，在此基础上再进行详细测设。

偏角法详细测设圆曲线又分为长弦法和短弦法。如图 2-38 所示，若在 ZY 点架设仪器，长弦法即在用仪器根据偏角标出了每个点的方向后，都是以 ZY 点为起点量取其弦长 c_i 与视线的交点定出待定点的。长弦法测设出的各点没有误差积累问题。短弦法则是在用仪器根据偏角标出了每个点的方向后，是以前一个测设出的曲线点为起点量取整桩间距 c_0 与视线的交点来定出待定点的，所以短弦法存在误差积累问题。下面以短弦法为例说明测设步骤：

（1）根据本次实习给定的数据计算出测设元素。并填入表 2-28 中。

（2）在圆曲线起点 ZY 点安置全站仪，对中、整平。

（3）转动照准部，瞄准交点 JD（即切线方向），并转动变换手轮，将水平度盘读数配置为 0°00′00″。

（4）根据计算出的第一点的偏角值 Δ_1 转动照准部，转动照准部时要注意转动的方向，当路线是如图 2-40 所示右转时，则顺时针转动照准部直至水平度盘读数为 Δ_1（此时称为正拨）；当路线是左转时，则逆时针转动照准部直至水平度盘读数为 360° − Δ_1（此时称为反拨）。然后以 ZY 为起点，在望远镜视线方向上量出第一段相应的弦长 c_1 定出第一点 P_1 并打桩。

（5）根据第二个偏角值的大小 Δ_2 转动照准部，定出偏角方向。再以 P_1 为圆心，以 c_0（整桩间距）为半径画圆弧，与视线方向相交得出第二点 P_2，设桩。

（6）按照上一步的方法，依次定出曲线上各个整桩点点位，直至曲中点 QZ，若通视条件好，可一直测至 YZ 点。

表 2-28　偏角法详细测设圆曲线数据记录表

日期：_____　班级：_____　组别：_____　观测者：_____　记录者：_____

桩号	各桩至起点（ZY 或 YZ）的曲线长度 l_i/m	偏角值 Δ_i 。 ′ ″	偏角读数（水平度盘读数） 。 ′ ″	相邻桩间弧长 /m	相邻桩间弦长 /m

桩号	各桩至起点（ZY 或 YZ）的曲线长度 l_i/m	偏角值 Δ_i 。 ′ ″	偏角读数 （水平度盘读数） 。 ′ ″	相邻桩间 弧长 /m	相邻桩间 弦长 /m
略图					

计算：　　　　　　　　检核：

四、注意事项

（1）本次实习是在圆曲线主点测设的基础上进行的，所以在进行本实习前对圆曲线主点测设的实习方法及步骤应非常熟悉和了解。

（2）计算定向后视读数时先画出草图，以便认清几何关系，防止计算错误。

（3）注意偏角方向，区分正拨和反拨。

（4）中线桩以板桩标定，上书里程，面向线路起点方向。

（5）偏角法进行圆曲线详细测设也可从圆直点 YZ 开始，以同样的方法进行测设。但要注意偏角的拨转方向及水平度盘读数与上半条曲线是相反的。

（6）偏角法测设时，拉距是从前一曲线点开始，必须以对应的弦长为直径画圆弧与视线方向相交，获得该点。

（7）由于偏角法存在测点误差累积的缺点，因此一般由曲线两端的 ZY、YZ 点分别向 QZ 点施测。

五、实习数据

已知圆曲线的 $R = 200$ m，转角如图 2-41 所示，交点 JD 里程为 $K10 + 110.88$ m，试按每 10 m 一个整桩号，来阐述该圆曲线的主点及偏角法整桩号详细测设的步骤。

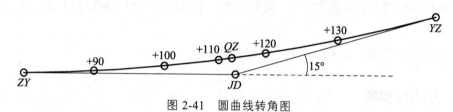

图 2-41　圆曲线转角图

实验 五 切线支距法圆曲线详细测设

一、目的与要求

（1）学会用切线支距法详细测设圆曲线。

（2）掌握切线支距法测设数据的计算及测设过程。

二、设备工具

（1）由仪器室借领：全站仪 1 台、皮尺 1 把、小目标架 3 根、测钎若干个、方向架 1 个、记录板 1 块。

（2）自备：计算器、铅笔、小刀、记录计算用纸。

三、方法与步骤

1. 切线支距法原理

切线支距法是以曲线起点 YZ 或终点 ZY 为坐标原点，以切线为 X 轴，以过原点的半径为 Y 轴，根据曲线上各点的坐标（X，Y）进行测设，故又称直角坐标法。如图 2-40 所示，设 P_1，P_2，…为曲线上的待测点，l_i 为它们的桩距（弧长），其所对的圆心角为 φ_i，由图可以看出测设元素可由下式计算：

$$x = R\sin\varphi$$
$$y = R(1 - \cos\varphi)$$

式中：$\varphi = \dfrac{l}{R} \cdot \dfrac{180°}{\pi}$

2. 测设方法

（1）在实习前首先按照本次实习所给的数据计算出所需测设数据，并填入表 2-29 中。

（2）根据所算出的圆曲线主点里程测设圆曲线主点，其测设方法可参考第二章第六节实验三。

（3）将全站仪置于圆曲线起点（或终点），标定出切线方向，也可以用花杆标定切线方向。

（4）根据各里程桩点的横坐标用皮尺从曲线起点（或终点）沿切线方向量取 x_1，x_2，x_3，…得各点垂足，并用测钎标记之，如图 2-42 所示。

（5）在各垂足点用方向架标定垂线，并沿此垂线方向分别量出 y_1，y_2，y_3，…即定出曲线上 P_1，P_2，P_3，…各桩点，并用测钎标记其位置。

（6）从曲线的起（终）点分别向曲线中点测设，测设完毕后，用丈量所定各点间弦长来校核其位置是否正确。也可用弦线偏距法进行校核。

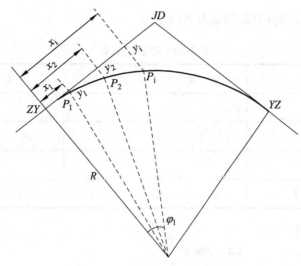

图 2-42　切线支距法测设原理

四、注意事项

（1）本次实习是在圆曲线主点测设的基础上进行的，所以对圆曲线主点测设的方法及要领要了如指掌。

（2）应在实习前将实例的全部测设数据计算出来，不要在实习中边算边测，以防时间不够或出错（如时间允许，也可不用实例，直接在现场测定右角后进行圆曲线的详细测设）。

五、实　例

已知：圆曲线的半径 $R = 100$ m，转角 $\alpha_{右} = 34°30'$，JD_2 的里程为 $K4 + 296.67$，桩距 $l_0 = 10$ m，按整桩距法设桩，试计算各桩点的坐标 (x, y)，并详细设置此圆曲线。

（1）草图：如图 2-43 所示。

转角号：JD_2，$K4 + 296.67$

导线右侧角值：$145°30'$

转角：向右：$34°30'$

R（半径）$= 100$ m　　　　　　　　T（切线长）$=$　　　m

E（外距）$=$　　　m　　　　　　　L（曲线长）$=$　　　m

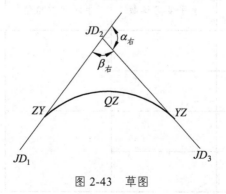

图 2-43　草图

（2）填写表 2-29（现场直接测定右角时用）。

表 2-29　数据记录表

观　测　点	盘　左　读　数	盘　右　读　数
JD_1		
JD_3		
半测回角值		
测回角值（右角）		

（3）计算主点里程。

$$
\begin{array}{lll}
JD_2 & K4+296.67 & \\
-\ ) & T & \\
\hline
& ZY & \\
+\ ) & L & \\
\hline
& YZ & \\
-\ ) & L/2 & \\
\hline
& QZ & \\
+\ ) & D/2 & \\
\hline
JD_2 & K4+296.67 & （校核计算）
\end{array}
$$

（4）按整桩距法计算各桩点的坐标（x，y）。

（5）标定 JD_2，并在其上安置经纬仪，再选定 JD_1，用经纬仪设置 $\alpha_{右}=34°30'$，标定 JD_3。

（6）进行圆曲线主点测设，参见第二章第六节实验三数据记录在表 2-30 中。

（7）用切线支距法详细测设圆曲线，参见本次实习方法与步骤。

（8）绘制测设草图。

表 2-30　切线支距法详细测设圆曲线数据记录表

日期：_____　班级：_____　组别：_____　观测者：_____　记录者：_____

交点号					交点里程		
	盘位	目　标	水平度盘读数	半测回右角值	右　角	转　角
转角观测结果	盘左						
	盘右						

交点号		交点里程	

曲线元素	R（半径）= $\qquad$ T（切线长）= $\qquad$ E（外距）= α（转角）= $\qquad$ L（曲线长）= $\qquad$ D（切曲差）=

主点桩号	ZY桩号： $\qquad$ QZ桩号： $\qquad$ YZ桩号：

各中桩的测设数据	桩　号	曲线长	x	y	备　注

略图：

计算： $\qquad$ 检核：

实验 六 数字化地形图绘制

一、目的与要求

（1）认识地形绘图软件，了解软件的基本命令。
（2）掌握数字化地形图的基本绘制方法。

二、设备工具

（1）安装 Auto CAD 软件和南方测绘 CASS 软件的计算机 1 台。
（2）实验练习数据及对应草图文件。

三、方法与步骤

（1）启动软件、文件名、参数配置、比例尺：双击 CASS 成图系统图标打开 CASS 软件，显示如图 2-44 所示；单击"文件"＞ "另存为…"保存文件在需要的目录中；"文件""CASS 参数配置""CASS 综合设置"，选择"地物绘制"等选项卡，设置修改参数，如图 2-45 所示；单击"绘图处理""改变当前图形比例尺"，如图 2-46 所示在命令行输入需要的比例尺，回车。

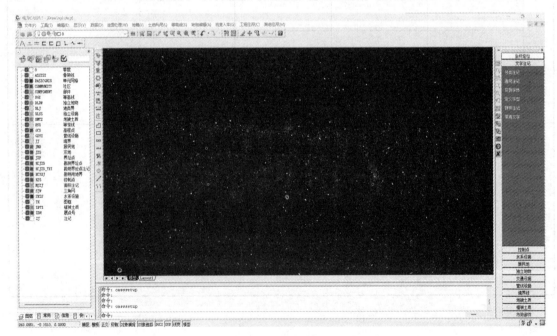

图 2-44 软件界面

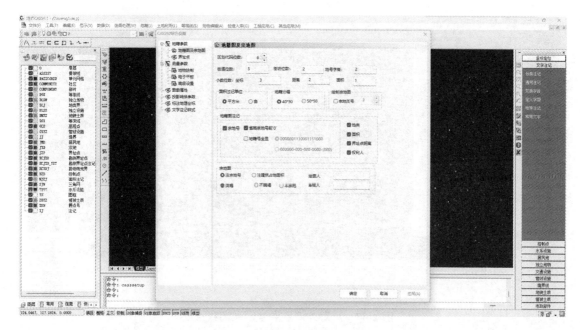

图 2-45　参数配置

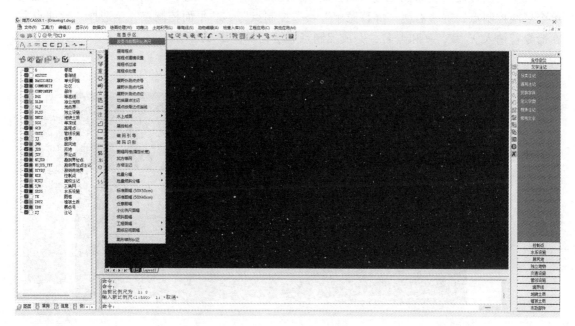

图 2-46　比例尺设置

（2）展野外测点点号、展高程点：绘图处理→展野外测点点号→输入坐标数据文件名
（"实验练习数据.dat"）→确定。图面上即可看到所展点号。"野外测点点号"是和草图相对应
的，是绘图的依据；绘图处理→展高程点→输入坐标数据文件名（"实验练习数据.dat"）→给
定注记高程点的距离（直接回车表示注记所有高程点）→确定。图面上即可看到注记的高程
点，如图 2-47 所示。

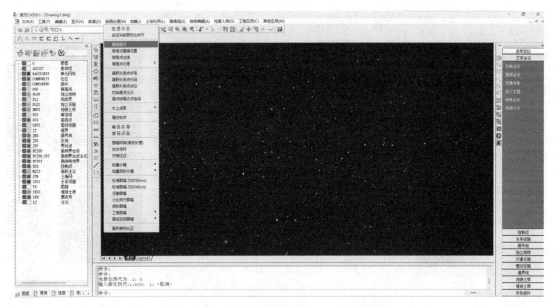

图 2-47　展野外测点点号、展高程点

（3）绘制控制点：绘图处理→展控制点→选择坐标文件→选择控制点类型→回车。也可单个展绘控制点：屏幕右侧"屏幕菜单"→"控制点"→"平面控制点"→选择"导线点"，在命令行输入 X，Y，H 和点名，完成控制点展绘，如图 2-48 所示。

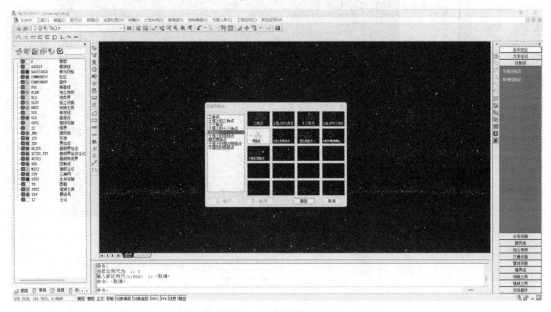

图 2-48　展绘控制点

（4）绘制居民地房屋、绘制道路设施：屏幕菜单→居民地→一般房屋→四点房屋→已知三点→根据野外草图依次给定房屋的三个角点。同理可绘出四点房屋、多点房屋、已知二点及宽度的房屋，如图 2-49 所示；屏幕菜单→交通设施→选择平行等外公路→依次给定公路一边的各测点→选择 1 边点式（指定公路另一边上的点）或 2 边宽式（给定公路宽度）。

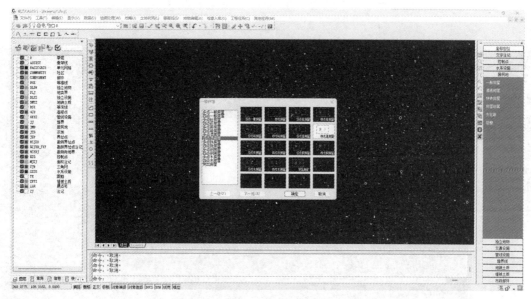

图 2-49　绘制房屋

（5）绘制其他地形元素：同理可以绘制"屏幕菜单"所列的"控制点""水系设施""居民地""独立地物""交通设施""管线设施""境界线""地貌特征""植被特征""市镇部件"和"坐标定位""文字注记"命令中的下级命令。这些命令是地形绘图的主题内容。

（6）绘制等高线：1）建立 DTM（地面数字模型）：等高线→由数据文件建立 DTM→输入数据文件名（实验练习.dat）→选择不考虑坎高→选择对象（绘等高线区域边界处的多段线，如没给定对象则表示图面所有区域）→显示建三角网过程，如图 2-50 所示。可以根据实测地形点与地形的对应情况，修改三角网。2）绘制等高线：等高线→绘等高程→输入等高距（0.5 m）→三次 B 样条拟合（折线拟合方式）→回车。关闭 SJW 图层，即可清晰看到等高线，如图 2-51 所示。

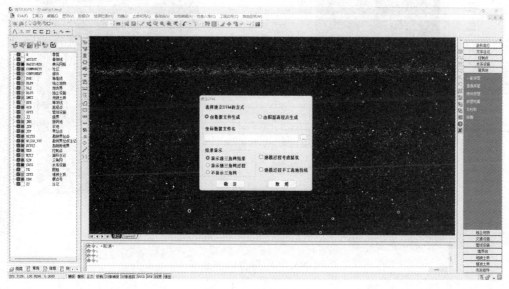

图 2-50　建立 DTM

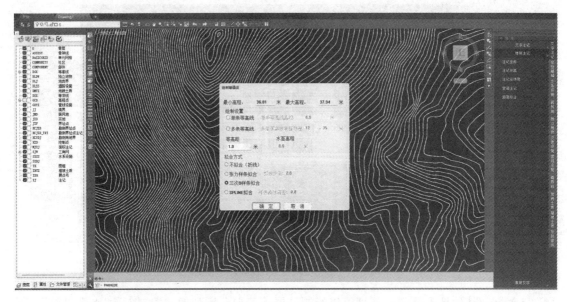

图 2-51 绘制等高线

（7）图形分幅与整饰：绘图处理->标准图幅（50 cm×50 cm）→在"图幅整饰"对话框中分别填入图名、及图表信息、左下角坐标和其他说明信息，如图 2-52 所示→确认。如见自动完成分幅和整饰，分幅整饰可以单幅进行，在面积大图幅多的情况下需要批量进行。

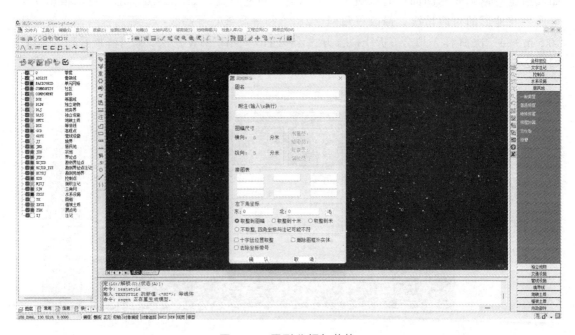

图 2-52 图形分幅与整饰

四、注意事项

（1）及时保存所绘图形，以防计算机死机等突发事件丢失文件。

（2）在大比例尺数字测图完成前，需要对整个图幅进行检查编辑，在保证精度情况下消除相互矛盾的地形、地物，对于漏测或错测的部分，及时进行外业补测或重测。

03

第三章

集中实习

第一节
控制测量实习

一、实习目的和内容

控制测量操作能力的好坏，即能否独立完成控制测量任务是衡量同学们学习掌握本专业知识水平、能否成为一个合格的测量工程专业高级人才的一个重要标志。实习的目的主要是训练同学们控制测量的操作能力，使同学们对等级控制测量的全过程有一个完整的认识，做到会测、会进行数据处理及平差计算，为今后参加工作打下基础。

本次控制测量实习是在指定区域，每个组完成平面控制测量和高程控制测量，其中平面控制测量采用二级导线测量，高程控制测量采用四等水准测量。参考技术规范为《工程测量标准》GB 50026—2020。

表 3-1 中：

（1）a 为比例系数，取值宜为 1，当采用 1∶500、1∶1 000 比例尺测图时，其值可在 1~2 之间选用。

表 3-1　二级导线的技术指标

导线长度/m	相对闭合差	测角中误差/（″）		方位角闭合差/（″）	
		一般	首级控制	一般	首级控制
≤$a×M$	≤1/（2 000×a）	30	20	$60\sqrt{n}$	$40\sqrt{n}$

（2）M 为测图比例尺的分母，但对工矿区现状图测量，不论测图比例尺大小，M 均应取值为 500。

（3）隐蔽或施测困难地区导线相对闭合差可放宽，但不应大于 1/（1 000×a）。

（4）n 为测站数。

表 3-2 中，L 为以 km 为单位的水准路线长度；n 为该路线总的测站数。

表 3-2　四等水准测量的技术指标限差

等级	视线高度/m	视距长度/m	前后视距差/m	前后视距累积差/m	黑、红面分划读数差/mm	黑、红面分划所测高差之差/mm	路线高差闭合差/mm
四等	>0.2	≤80	≤5	≤10	≤3	≤5	±20$\sqrt{L}$（平地） ±6$\sqrt{n}$（山地）

二、实习仪器和工具及注意事项

1. 测量实习仪器和工具的领取

在测量教学实习中，要做各种测量工作，不同的工作往往需要使用不同的仪器。测量小组可根据测量方法配备仪器和工具。

本次平面控制测量采用全站仪测量，高程控制测量采用水准仪测量。给出了测量实习中一个小组需使用的仪器的参考清单，见表3-3。

表3-3 控制测量设备一览表

仪器及工具	数量	用途	备注
控制点资料	1套	已知数据	
木桩、小钉	各约15个	图根点的标志	自备
斧头	1把	钉桩	
红油漆	0.1升	标志点位	自备
毛笔	1支	画标志	自备
水准仪及脚架	1套	水准测量	
水准尺	2根	水准测量	
尺垫	2个	水准测量	
全站仪及脚架	1套	水平角、距离测量	
棱镜及三角对中杆	2个	水平角、距离测量	
记录板	1块	记录	
记录、计算用品	1套	记录及计算	自备

2. 注意事项

（1）搬运工具时应小心轻放，防止仪器受震动和冲击；不横放或倒置；检查背带提环是否牢实；箱盖应扣好加锁。

（2）由箱内取出仪器时，应拿其坚实部分，不可提望远镜。

（3）仪器装在三脚架上以后，应检查是否确已装牢，否则不能松手；安置仪器位置应适当，尽量安置在路边，不得影响交通。

（4）时刻注意仪器的安全。仪器安置以后，必须有人在仪器旁边守护，不可离人，以免发生意外。实习过程中，不得打闹，更不能使用标杆、水准尺等打闹或玩耍。

（5）在野外远距离搬移仪器时，应将仪器装在仪器箱内；近距离搬移时，应将仪器抱在胸前，一手托住基座部分，一手抱住三脚架，切勿扛在肩上。

（6）在野外遇雨时，应把仪器套套上，或放入箱内。勿使仪器淋雨受潮。

（7）仪器如受雨淋后，应立即擦干，并放在外面晾一会，不可立即装入箱内。

（8）皮尺应严防潮湿；皮尺卷入盒内时勿绞缠。

（9）水准尺的尺面刻度应加以保护，勿受磨损。放尺时不应让尺面着地，尺端底部勿粘泥土，并防磨损。

（10）标杆应保持直挺，切不可用来抬物，或作掷、撑器具。

三、实习时间安排

测量教学实习的程序和进度应依据实际情况制定。既要保证在规定的时间内完成测量实习任务，又要注意保质保量地做好每一环节的工作，在实施中遇到雨、雪天气时，还要做到灵活调整，以使测量教学实习能够顺利进行。实习的程序和进度可参照表3-4安排。

表 3-4　测量教学实习程序进度表

实习项目	时间	任务与要求
准备工作	0.5 天	实习动员、布置任务 设备及资料领取 仪器、工具的检验与校正
控制测量	3 天	测区踏勘、选点（布设控制点） 水平角、边长测量 高程测量 控制测量内业计算
实习总结及考核	1 天	编写实习技术总结报告 考核：动手操作测试、口试
实习结束工作	0.5 天	仪器归还、成果上交
合计	5 天（一周）	

四、实习步骤及技术要求

（一）准备工作

1. 仪器的检查

借领仪器后，首先应认真对照清单仔细清点仪器和工具的数量，核对编号，发现问题及时提出解决。然后对仪器进行检查。

（1）仪器的一般性检查：

① 仪器检查：

仪器应表面无碰伤、盖板及部件结合整齐，密封性好；仪器与三脚架连接稳固无松动。

仪器转动灵活，制、微动螺旋工作良好。

水准器状态良好。

望远镜对光清晰、目镜调焦螺旋使用正常。

读数窗成像清晰。

② 三脚架检查：

三脚架是否伸缩灵活自如；脚架紧固螺旋功能正常。

③ 水准尺检查：

水准尺尺身平直；水准尺尺面分划清晰。

（2）仪器的检验与校正：

水准仪的检验与校正可参照课间实验指导书第一节实验二进行。

经纬仪的检验与校正可参照课间实验指导书第一节实验四进行。

2. 踏勘选点

各小组在指定测区进行踏勘，了解测区地形条件和地物分布情况，根据测区范围及测图要求确定布网方案。选点时应在相邻两点都各站 1 人，相互通视后方可确定点位。

选点时应注意以下几点：

（1）相邻点间通视好，地势较平坦，便于测角和量边；

（2）点位应选在土地坚实，便于保存标志和安置仪器处；

（3）视野开阔，便于进行地形、地物的碎部测量；

（4）相邻导线边的长度应大致相等；

（5）控制点应有足够的密度，分布较均匀，便于控制整个测区；

（6）各小组间的控制点应合理分布，避免互相遮挡视线。

点位选定之后，应立即做好点的标记，若在土质地面上可打铁钉作为点的标志；若在水泥等较硬的地面上可用油漆画"十"字标记。在点标记旁边的固定地物上用油漆标明导线点的位置并编写组别与点号。导线点应分等级统一编号，以便于测量资料的管理。为了使所测角既是内角也是左角闭合导线点可按逆时针方向编号。

3. 平面和高程基准选择

本次实习可根据已有控制点资料情况选择已有的平面和高程基准，也可新建工程坐标系。

（二）外业测量

1. 平面控制测量

（1）导线转折角测量。

导线转折角是由相邻导线边构成的水平角。一般测定导线延伸方向左侧的转折角，闭合导线大多测内角，附合导线按导线前进方向可观测左角。

（2）边长测量。

边长测量就是测量相邻导线点间的水平距离。图根导线的边长，宜采用电磁波测距仪器单向施测，也可采用钢尺单向丈量。

（3）联测。

为了使导线定位及获得已知坐标需要将导线点同高级控制点（坐标已知点）进行联测。可用全站仪按测回法观测连接角和距离。

表 3-5 为导线测量观测记录表。

表 3-5　导线测量观测记录表

天气：_____　　　成像：_____　　　　仪器型号：_____

测站	测回	竖盘位置	目标	水平盘读数（°′″）	左角角值（°′″）	平均角值（°′″）	距离/m	目标点觇标高/m	高差/m	备注
		左								
		右								
		左								
		右								
		左								
		右								
		左								
		右								

观测：_____　　　记录：_____　　　计算：_____　　　日期：_____

2. 高程控制测量

控制点的高程采用四等水准测量的方法测得，根据高级水准点，沿各图根控制点进行水准测量，形成闭合或附合水准路线。

（三）内业计算

在进行内业计算之前，应全面检查导线测量的外业记录，有无遗漏或记错，是否符合测量的限差和要求，发现问题应返工重新测量。

应使用科学计算器进行计算，特别是坐标增量计算可以采用计算器中的程序进行计算。计算时，角度值取至秒，高差、高程、改正数、长度、坐标值取至毫米。

1. 图根导线测量的内业计算

首先绘出导线控制网的略图，并将点名点号、已知点坐标、边长和角度观测值标在图上。在导线计算表中进行计算，计算表格格式见成果表。具体计算步骤如下：

（1）填写已知数据及观测数据。

（2）计算角度闭合差及其限差。

闭合导线角度闭合差 $f_\beta = \sum\limits_{i=1}^{n} \beta - (n-2) \cdot 180°$

图根导线角度闭合差的限差 $f_{\beta容} = \pm 40'' \sqrt{n}$ ，n 为角度个数。

（3）计算角度改正数。

闭合导线的角度改正数 $v_i = -\dfrac{f_\beta}{n}$

（4）计算改正后的角度。

改正后角度 $\overline{\beta_i} = \beta_i + v_i$

（5）推算方位角。

左角推算关系式 $\alpha_{i,i+1} = \alpha_{i-1,i} \pm 180° + \overline{\beta_i}$

右角推算关系式 $\alpha_{i,i+1} = \alpha_{i-1,i} \pm 180° - \overline{\beta_i}$

（6）计算坐标增量。

纵向坐标增量 $\Delta x_{i,i+1} = D_{i,i+1} \cdot \cos \alpha_{i,i+1}$ ，横向坐标增量 $\Delta y_{i,i+1} = D_{i,i+1} \cdot \sin \alpha_{i,i+1}$

（7）计算坐标增量闭合差。

闭合导线坐标增量闭合差 $f_x = \sum \Delta x$ ，$f_y = \sum \Delta y$

（8）计算全长闭合差及其相对误差。

导线全长闭合差 $f = \sqrt{f_x^2 + f_y^2}$ ，导线全长相对误差 $k = \dfrac{f}{\sum D} = \dfrac{1}{\sum D / f}$

图根导线全长相对误差的限差 $x_{i+1} = x_i + \overline{\Delta x_{i,i+1}}$

（9）精度满足要求后，计算坐标增量改正数。

纵向坐标增量改正数 $v_{\Delta x_{i,i+1}} = -\dfrac{f_x}{\sum D} D_{i,i+1}$

横向坐标增量改正数 $v_{\Delta y_{i,i+1}} = -\dfrac{f_y}{\sum D} D_{i,i+1}$

（10）计算改正后坐标增量。

改正后纵向坐标增量 $\overline{\Delta x_{i,i+1}} = \Delta x_{i,i+1} + v_{\Delta x_{i,i+1}}$ ，改正后横向坐标增量 $\overline{\Delta y_{i,i+1}} = \Delta y_{i,i+1} + v_{\Delta y_{i,i+1}}$

（11）计算导线点的坐标。

纵坐标 $x_{i+1} = x_i + \overline{\Delta x_{i,i+1}}$ ，横坐标 $y_{i+1} = y_i + \overline{\Delta y_{i,i+1}}$

2. 高程测量的内业计算

先画出水准路线图，并将点号、起始点高程值、观测高差、测段测站数（或测段长度）标在图上。在水准测量成果计算表中进行高程计算，计算位数取至毫米位。计算表格格式见成果表。计算步骤为：

（1）填写已知数据及观测数据。

（2）计算高差闭合差及其限差。

闭合导线高差闭合差 $f_\mathrm{h} = \sum h$ ，附合导线高差闭合差 $f_\mathrm{h} = \sum h - (H_终 - H_起)$

（3）计算高差改正数。

高差改正数 $v_{i,i+1} = -\dfrac{f_\mathrm{h}}{\sum n} n_{i,i+1}$ 　 或 　 $v_{i,i+1} = -\dfrac{f_\mathrm{h}}{\sum l} l_{i,i+1}$

（4）计算改正后高差。

改正后高差 $h_{i,i+1} = h_{i,i+1} + v_{i,i+1}$

（5）计算图根点高程。

图根点高程 $H_{i+1} = H_i + h_{i,i+1}$

五、实习成果整理和考核

1. 实习成果资料

（1）成果表（内容有仪器检校记录、外业观测记录、坐标推算过程表等）。

（2）小组实习报告。内容包括：测区概况、控制网的布设情况（包括平面控制网和高程控制网）、控制网略图、控制点坐标表（包括高程）、小组技术总结（包括实习中遇到的问题、解决问题的办法、实习的心得体会及本组成员的出勤情况等）。

（3）个人实习报告。内容包括：实习中自己做过的工作、测量理论和实践相结合的技术总结分析，实习体会与收获、感想或建议。

以上资料以小组为单位装订成册。

2. 成绩考核评定

成绩评定由指导教师根据每组及每位同学所提交的实习成果质量、实习过程中同学表现综合评分。标准参考如下：

（1）外业观测记录及计算成果，约占比分值 30%。

（2）小组实习报告，约占比分值 30%。

（3）个人实习报告，约占比分值 20%。

（4）综合表现，包括实习态度、出勤和分工合作等情况，约占比分值 20%。

第二节
大比例尺地形图测量

一、实习目的和内容

实习内容是在指定区域完成一幅大比例尺地形图测绘，通过集中实习，将测绘理论知识和实践相结合，进一步理解、巩固和拓宽工程测量知识。培养学生的动手能力、团结协作精神及认真负责和严谨细致的工作作风。

实习内容包括：准备工作，控制测量，碎部测量，地形图的拼接、检查和整饰。

二、实习仪器和工具及注意事项

1. 测量实习仪器和工具的领取

在测量教学实习中，要做各种测量工作，不同的工作往往需要使用不同的仪器。测量小组可根据测量方法配备仪器和工具，本实习选择使用全站仪进行大比例尺数字化地形图测量。表3-6、表3-7给出了测量实习中一个小组需使用的仪器的参考清单。

表 3-6　全站仪导线测量设备一览表

仪器及工具	数量	用途	备注
控制点资料	1套	已知数据	
木桩、小钉	各约15个	图根点的标志	自备
斧头	1把	钉桩	
红油漆	0.1升	标志点位	自备
毛笔	1支	画标志	自备
水准仪及脚架	1套	水准测量	
水准尺	2根	水准测量	
尺垫	2个	水准测量	
全站仪（或经纬仪）及脚架	1套	平面坐标测量	
棱镜	2个	平面坐标测量	
对中杆	2根	平面坐标测量	
小卷尺	1把	距离测量	
记录板	1块	记录	
记录、计算用品	1套	记录及计算	自备

表 3-7　全站仪碎部测图设备一览表

仪器及工具	数量	用途	备注
图纸（50 cm×50 cm）	1 张	地形图测绘底图	自备
全站仪及脚架	1 套	碎部测量	
棱镜	2 个	平面坐标测量	
对中杆	2 根	平面坐标测量	
皮尺	1 把	量距、量仪器高	
斧子、小钉	1 把、若干	支点	
记录用品	1 套	记录及计算	
测图软件及电脑	1 台	绘图	
记录板	1 块	记录	
铅笔、橡皮、小刀、胶带纸、小针、草图纸	若干	地形图草图绘制	自备

2. 注意事项

（1）搬运工具时应小心轻放，防止仪器受震动和冲击；不横放或倒置；检查背带提环是否牢实；箱盖应扣好加锁。

（2）由箱内取出仪器时，应拿其坚实部分，不可提望远镜。

（3）仪器装在三脚架上以后，应检查是否确已装牢，否则不能松手；安置仪器位置应适当，尽量安置在路边，不得影响交通。

（4）时刻注意仪器的安全。仪器安置以后，必须有人在仪器旁边守护，不可离人，以免发生意外。实习过程中，不得打闹，更不能使用标杆、水准尺等打闹或玩耍。

（5）在野外远距离搬移仪器时，应将仪器装在仪器箱内；近距离搬移时，应将仪器抱在胸前：一手托住基座部分，一手抱住三脚架，切勿扛在肩上。

（6）在野外遇雨时，应把仪器套套上，或放入箱内。勿使仪器淋雨受潮。

（7）仪器如受雨淋后，应立即擦干，并放在外面晾一会，不可立即装入箱内。

（8）皮尺应严防潮湿；皮尺卷入盒内时勿绞缠。

（9）水准尺的尺面刻度应加以保护，勿受磨损。放尺时不应让尺面着地，尺端底部勿粘泥土，并防磨损。

（10）标杆应保持直挺，切不可用来抬物，或作掷、撑器具。

三、实习时间安排

测量教学实习的程序和进度应依据实际情况制定。既要保证在规定的时间内完成测量实习任务，又要注意保质保量地做好每一环节的工作，在实施中遇到雨、雪天气时，还要做到灵活调整，以使测量教学实习能够顺利进行。实习的程序和进度可参照表 3-8 安排。

表 3-8　测量教学实习程序进度表

实习项目	时间	任务与要求
准备工作	1 天	实习动员、布置任务 设备及资料领取 仪器、工具的检验与校正
图根控制测量	3 天	测区踏勘、选点（布设控制点） 平面测量 高程测量 控制测量内业计算
地形图测绘	5 天	图纸准备 碎部测量 地形图的拼接、检查及整饰
实习总结及考核	1 天	编写实习技术总结报告 考核：动手操作测试、口试
实习结束工作	1	仪器归还、成果上交
合计	11 天（两周）	

四、实习步骤及技术要求

根据测量工作的组织程序和原则可知，进行任何一项测量工作都要首先进行整体布置，然后再分区、分期、分批实施。即首先建立平面和高程控制网，在此基础上进行碎部测量及其他测量工作。

（一）准备工作

1. 仪器的检查

借领仪器后，首先应认真对照清单仔细清点仪器和工具的数量，核对编号，发现问题及时提出解决。然后对仪器进行检查。

（1）仪器的一般性检查。

① 仪器检查。

仪器应表面无碰伤、盖板及部件结合整齐，密封性好；仪器与三脚架连接稳固无松动。仪器转动灵活，制、微动螺旋工作良好。

水准器状态良好。

望远镜对光清晰、目镜调焦螺旋使用正常。

读数窗成像清晰。

② 三脚架检查。

三脚架是否伸缩灵活自如；脚架紧固螺旋功能正常。

③ 水准尺检查。

水准尺尺身平直；水准尺尺面分划清晰。

（2）仪器的检验与校正。

水准仪的检验与校正可参照第二章第一节实验二进行。

全站仪的检验与校正可参照第二章第一节实验五进行。

2. 控制点踏勘选点

各小组在指定测区进行踏勘，了解测区地形条件和地物分布情况，根据测区范围及测图要求确定布网方案。选点时应在相邻两点都各站一人，相互通视后方可确定点位。

选点时应注意以下几点：

① 相邻点间通视好，地势较平坦，便于测角和量边；

② 点位应选在土地坚实，便于保存标志和安置仪器处；

③ 视野开阔，便于进行地形、地物的碎部测量；

④ 相邻导线边的长度应大致相等；

⑤ 控制点应有足够的密度，分布较均匀，便于控制整个测区；

⑥ 各小组间的控制点应合理分布，避免互相遮挡视线。

点位选定之后，应立即做好点的标记，若在土质地面上可打铁钉作为点的标志；若在水泥等较硬的地面上可用油漆画"十"字标记。在点标记旁边的固定地物上用油漆标明导线点的位置并编写组别与点号。导线点应分等级统一编号，以便于测量资料的管理。为了使所测角既是内角也是左角闭合导线点可按逆时针方向编号。

（二）控制测量

参见第三章第一节的控制测量实习。

（三）地形图测绘

各小组在完成图根控制测量全部工作以后，就可用全站仪测绘法进入碎部测量阶段。

1. 任务安排

（1）按准备仪器及工具，进行必要的检验与校正。

（2）在测站上各小组可根据实际情况，安排观测员1人，绘图员1人，记录1人，计算1人，跑尺1~2人。

（3）根据测站周围的地形情况，全组人员集体商定跑尺路线，可由近及远，再由远及近，按顺时针方向行进，合理有序，能防止漏测，保证工作效率，并方便绘图。

（4）提出对一些无法观测到的碎部点处理的方案。

2. 全站仪数字测图方法

（1）安置测站：观测员安置全站仪于测站 *A*，并进行对中、整平（如图3-1所示），量取仪器高（量至mm），开机使全站仪进入观测状态，并对仪器进行温度、气压、棱镜常数设置。

（2）输入数据采集文件名、测站和后视点数据：在全站仪上输入数据采集文件名，并输

入已知测站 *A* 和后视点 *B* 坐标数据和棱镜高数据，不同仪器品牌操作方式有所差异，根据设备说明书操作完成。

（3）后视定向与检核：盘左照准后视点进行定向，此时锁定度盘，并检核后视点坐标，若与后视点已知坐标相符，则进行碎部点测量；否则查找原因，进行改正，重新检核后视点坐标。

（4）碎部点测量：立镜员选择碎部点，观测员瞄准测量目标进行测量，测量方法参见第二章第五节坐标测量的实验一内容。在测量过程中，若遇到关机、间停、间歇又重新开始时，必须在已知点进行测量，并与已知坐标进行对比检核。正常开测与收测，也要与已知点进行对比检核，以保证整个测量过程中数据采集的可靠性。通常情况下，平面坐标分量较差不大于 5 cm［限差小于或等于图上 0.2 mm，高程较差不大于 7 cm（限差小于或等于 $0.2h_d$，其中 h_d 代表基本等高距）］，即可认为数据采集可靠。

（5）绘图：地形图绘制在内业进行。将外业采集的碎部点坐标数据传输到计算机上，利用数字化成图软件展点、绘制地物、建立 DTM 绘制等高线、注记、整饰，最终绘制出地形图。绘制地物时，要以草图和编码为重要依据。

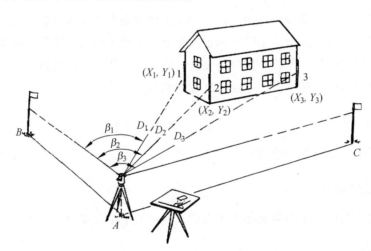

图 3-1　全站仪或经纬仪测绘法

3. 地物、地貌的测绘

地形图应表示测量控制点、居民地和垣栅、工矿建筑物及其他设施、交通及附属设施、管线及附属设施、水系及附属设施、境界、地貌和土质、植被等各项地物、地貌要素，以及地理名称注记等。并着重显示与测图用途有关的各项要素。

地物、地貌的各项要素的表示方法和取舍原则，除应按现行国家标准地形图图式执行外，还应符合如下有关规定。

（四）测量控制点测绘

（1）测量控制点是测绘地形图和工程测量施工放样的主要依据，在图上应精确表示。

（2）各等级平面控制点、导线点、图根点、水准点，应以展点或测点位置为符号的几何中心位置，按图式规定符号表示。

（五）居民地和垣栅的测绘

（1）居民地的各类建筑物、构筑物及主要附属设施应准确测绘实地外围轮廓和如实反映建筑结构特征。

（2）房屋的轮廓应以墙基外角为准，并按建筑材料和性质分类，注记层数。1∶500与1∶1 000比例尺测图，房屋应逐个表示，临时性房屋可舍去；1∶2 000比例尺测图可适当综合取舍，图上宽度小于0.5 mm的小巷可不表示。

（3）建筑物和围墙轮廓凸凹在图上小于0.4 mm，简单房屋小于0.6 mm时，可用直线连接。

（4）1∶500比例尺测图，房屋内部天井宜区分表示；1∶1 000比例尺测图，图上6 mm^{2}以下的天井可不表示。

（5）测绘垣栅应类别清楚，取舍得当。城墙按城基轮廓依比例尺表示，城楼、城门、豁口均应实测；围墙、栅栏、栏杆等可根据其永久性、规整性、重要性等综合考虑取舍。

（6）台阶和室外楼梯长度大于3 m，宽度大于1 m的应在图中表示。

（7）永久性门墩、支柱大于1M毫米的依比例实测，小于1M的测量其中心位置，用符号表示。重要的墩柱无法测量中心位置时，要量取并记录偏心距和偏离方向。

（8）建筑物上突出的悬空部分应测量最外范围的投影位置，主要的支柱也要实测。

（六）工矿建（构）筑物及其他设施的测绘

（1）工矿建（构）筑物及其他设施的测绘，图上应准确表示其位置、形状和性质特征。

（2）工矿建（构）筑物及其他设施依比例尺表示的，应实测其外部轮廓，并配置符号或按图式规定用依比例尺符号；不依比例尺表示的，应准确测定其定位点或定位线，用不依比例尺符号表示。

（七）交通及附属设施测绘

（1）交通及附属设施的测绘，图上应准确反映陆地道路的类别和等级，附属设施的结构和关系；正确处理道路的相交关系及与其他要素的关系；正确表示水运和海运的航行标志，河流和通航情况及各级道路的通过关系。

（2）铁路轨顶（曲线段取内轨顶）、公路路中、道路交叉处、桥面等应测注高程，隧道、涵洞应测注底面高程。

（3）公路与其他双线道路在图上均应按实宽依比例尺表示。公路应在图上每隔15～20 mm注出公路技术等级代码，国道应注出国道路线编号。公路、街道按其铺面材料分为水泥、沥青、砾石、条石或石板、硬砖、碎石和土路等，应分别以砼、沥、砾、石、砖、碴、土等注记于图中路面上，铺面材料改变处应用点线分开。

（4）铁路与公路或其他道路平面相交时，铁路符号不中断，而将另一道路符号中断；城市道路为立体交叉或高架道路时，应测绘桥位、匝道与绿地等；多层交叉重叠，下层被上层遮住的部分不绘，桥墩或立柱视用图需要表示，垂直的挡土墙可绘实线而不绘挡土墙符号。

（5）路堤、路堑应按实地宽度绘出边界，并应在其坡顶、坡脚适当测注高程。

（6）道路通过居民地不宜中断，应按真实位置绘出。高速公路应绘出两侧围建的栅栏

（或墙）和出入口，注明公路名称。中央分隔带视用图需要表示。市区街道应将车行道、过街天桥、过街地道的出入口、分隔带、环岛、街心花园、人行道与绿化带绘出。

（7）跨越河流或谷地的桥梁，应实测桥头、桥身和桥墩位置，加注建筑结构。码头应实测轮廓线，有专有名称的加注名称，无名称者注"码头"，码头上的建筑应实测并以相应符号表示。

（8）大车路、乡村路、内部道路按比例实测，宽度小于 1 mm 时只测路中线，以小路符号表示。

（八）管线测绘

（1）永久性的电力线、电信线均应准确表示，电杆、铁塔位置应实测。当多种线路在同一杆架上时，只表示主要的。城市建筑区内电力线、电信线可不连线，但应在杆架处绘出线路方向。各种线路应做到线类分明，走向连贯。

（2）架空的、地面上的、有管堤的管道均应实测，分别用相应符号表示。并注明传输物质的名称。当架空管道直线部分的支架密集时，可适当取舍。地下管线检修井宜测绘表示。

（3）污水篦子、消防栓、阀门、水龙头、电线箱、电话亭、路灯、检修井均应实测中心位置，以符号表示，必要时标注用途。

（九）水系测绘

（1）江、河、湖、海、水库、池塘、泉、井等及其他水利设施，均应准确测绘表示，有名称的加注名称。根据需要可测注水深，也可用等深线或水下等高线表示。

（2）河流、溪流、湖泊、水库等水涯线，按测图时的水位测定，当水涯线与陡坎线在图上投影距离小于 1 mm 时以陡坎线符号表示。河流在图上宽度小于 0.5 mm、沟渠在图上宽度小于 1 mm（1∶2 000 在形图上小于 0.5 mm）的用单线表示。

（3）海岸线以平均大潮高潮的痕迹所形成的水陆分界线为准。各种干出滩在图上用相应的符号或注记表示，并适当测注高程。

（4）水位高及施测日期视需要测注。水渠应测注渠顶边和渠底高程；时令河应测注河床高程；堤、坝应测注顶部及坡脚高程；池塘应测注塘顶边及塘底高程；泉、井应测注泉的出水口与井台高程，并根据需要注记井台至水面的深度。

（十）境界测绘

（1）境界的测绘，图上应正确反映境界的类别、等级、位置以及与其他要素的关系。

（2）县（区、旗）和县以上境界应根据勘界协议、有关文件准确清楚地绘出，界桩、界标应测坐标展绘。乡、镇和乡级以上国营农、林、牧场以及自然保护区界线按需要测绘。

（3）两级以上境界重合时，只绘高一级境界符号。

（十一）地貌和土质的测绘

（1）地貌和土质的测绘，图上应正确标示其形态、类别和分布特征。

（2）自然形态的地貌宜用等高线表示，崩塌残蚀地貌、坡、坎和其他特殊地貌应用相应符号或用等高线配合符号表示。

（3）各种天然形成和人工修筑的坡、坎，其坡度在 70°以上时表示为陡坎，70°以下时表示为斜坡。斜坡在图上投影宽度小于 2 mm，以陡坎符号表示。当坡、坎比高小于 1/2 基本等高距或在图上长度小于 5 mm 时，可不表示，坡、坎密集时，可以适当取舍。

（4）梯田坎坡顶及坡脚宽度在图上大于 2 mm 时，应实测坡脚。当 1∶2 000 比例尺测图梯田坎过密，两坎间距在图上小于 5 mm 时，可适当取舍。梯田坎比较缓且范围较大时，可用等高线表示。

（5）坡度在 70°以下的石山和天然斜坡，可用等高线或用等高线配合符号表示。独立石、土堆、坑穴、陡坡、斜坡、梯田坎、露岩地等应在上下方分别测注高程或测注上（或下）方高程及量注比高。

（6）各种土质按图式规定的相应符号表示，大面积沙地应用等高线加注记表示。

（十二）植被的测绘

（1）地形图上应正确反映出植被的类别特征和范围分布。对耕地、园地应实测范围，配置相应的符号表示。大面积分布的植被在能表达清楚的情况下，可采用注记说明。同一地段生长有多种植物时，可按经济价值和数量适当取舍，符号配制不得超过 3 种（连同土质符号）。

（2）旱地包括种植小麦、杂粮、棉花、烟草、大豆、花生和油菜等的田地，经济作物、油料作物应加注品种名称。有节水灌溉设备的旱地应加注"喷灌""滴灌"等。一年分几季种植不同作物的耕地，应以夏季主要作物为准配置符号表示。

（3）田埂宽度在图上大于 1 mm 的应用双线表示，小于 1 mm 的用单线表示。田块内应测量标注有代表性的高程。

（十三）注　记

（1）要求对各种名称、说明注记和数字注记准确注出。图上所有居民地、道路、街巷、山岭、沟谷、河流等自然地理名称，以及主要单位等名称，均应调查核实，有法定名称的应以法定名称为准，并应正确注记。

（2）地形图上高程注记点应分布均匀，丘陵地区高程注记点间距为图上 2 ~ 3 cm。

（3）山顶、鞍部、山脊、山脚、谷底、谷口、沟底、沟口、凹地、台地、河川湖池岸旁、水涯线上以及其他地面倾斜变换处，均应测高程注记点。

（4）城市建筑区高程注记点应测设在街道中心线、街道交叉中心、建筑物墙基脚和相应的地面、管道检查井井口、桥面、广场、较大的庭院内或空地上以及其他地面倾斜变换处。

（5）基本等高距为 0.5 m 时，高程注记点应注至厘米；基本等高距大于 0.5 m 时可注至 dm。

（十四）地形要素的配合

（1）当两个地物中心重合或接近，难以同时准确表示时，可将较重要的地物准确表示，次要地物移位 0.3 mm 或缩小 1/3 表示。

（2）独立性地物与房屋、道路、水系等其他地物重合时，可中断其他地物符号，间隔0.3 mm，将独立性地物完整绘出。

（3）房屋或围墙等高出地面的建筑物，直接建筑在陡坎或斜坡上且建筑物边线与陡坎上沿线重合的，可用建筑物边线代替坡坎上沿线；当坎坡上沿线距建筑物边线很近时，可移位间隔0.3 mm表示。

（4）悬空建筑在水上的房屋与水涯线重合，可间断水涯线，房屋照常绘出。

（5）水涯线与陡坎重合，可用陡坎边线代替水涯线；水涯线与斜坡脚线重合，仍应在坡脚将水涯线绘出。

（6）双线道路与房屋、围墙等高出地面的建筑物边线重合时，可以建筑物边线代替路边线。道路边线与建筑物的接头处应间隔0.3 mm。

（7）境界以线状地物一侧为界时，应离线状地物0.3 mm在相应一侧不间断地绘出；以线状地物中心线或河流主航道为界时，应在河流中心线位置或主航道线上每隔3～5 cm绘出3～4节符号。主航道线用0.15 mm黑实线表示；不能在中心线绘出时，国界符号应在其两侧不间断地跳绘，国内各级行政区划界可沿两侧每隔3～5 cm交错绘出3～4节符号。相交、转折及与图边交接处应绘符号以示走向。

（8）地类界与地面上有实物的线状符号重合，可省略不绘；与地面无实物的线状符号（如架空管线、等高线等）重合时，可将地类界移位0.3 mm绘出。

（9）等高线遇到房屋及其他建筑物，双线道路、路堤、路堑、坑穴、陡坎、斜坡、湖泊、双线河以及注记等均应中断。

（10）当图式符号不能满足测区内测图要求时，可自行设计新的符号，但应在图廓外注明。

（十五）地物测绘时的跑尺方法

（1）分类跑尺法是测绘地形时，针对不同类的地物分类测绘，立尺时专立同一类地物，例如专测道路或专测房屋。它的优点是各类地物混杂碎部点很多时，有利于画板员正确连绘地物，避免连错线。缺点是分类跑尺在对不同类地物分类分批立尺时，会产生所跑路线重复，在同等数量碎部点的条件下，增加立尺员的跑尺路线的长度。

（2）分区跑尺法是将所测绘地区分成若干片，立尺员一次跑一片，将同一片内的各类地物点按顺路的顺序一次立完。其优点是立尺员的跑路量最少。缺点是各类地物点混杂，画板员很可能连错地物轮廓线。

（3）兼顾式跑尺法是上述两种方法的综合运用。例如在立尺某线状地物时，可顺便将线路上及其近旁的独立地物立尺测绘。在测绘房屋时顺便将街道测绘。

（十六）地貌的测绘

（1）选择地貌特征点。

地貌特征点应选在山顶、鞍部、山脊、山谷、山脚等地性线上的变坡点；地性线的转折点、方向变化点、交点；平地的变坡线的起点、终点、变向点；特殊地貌的起点、终点等。

立尺员除正确选择特征点立尺外，还应报告地性线的走向等有关信息，以便绘图员正确连接地性线。原则上地性线的起点、终点、坡度方向变化点都应当立尺测定。绘图员依据已测定的点及时正确地连绘地性线，逐步形成勾绘等高线的骨架。

（2）地貌特征点的测绘。

地貌测绘跑尺方法有等高线路法、地性线路法和分片法。

① 等高线路法是沿着高程接近的线路连续立尺，当某高度的一排点测完时，向上或向下立另一排点。显著地节省跑尺员的体力，降低劳动强度。也能提高跑尺的速度，从而提高测绘地形图的效率。

② 地性线法是沿同一山脊、山谷等地性线连续立尺，立完一条才立另一条。它的优点为能及时完整地绘出地性线，使地貌的描绘真实准确。反复地沿地性线上下跑动将增大立尺员的劳动强度。

③ 分片法是将每个测站待测地域分成几片，由各立尺员分片包干，其优点是遗漏点的可能性减少。在地貌变化特复杂的地区与第二种方法结合使用最适用。

（十七）地形图的整饰

地形图拼接及检查完成后就需要用铅笔进行整饰。整饰应按照：先注记，后符号；先地物，后地貌；先图内，后图外的原则进行。注记的字型、字号应严格按照《地形图图式》的要求选择。各类符号应使用绘图模板按《地形图图式》规定的尺寸规范绘制，注记及符号应坐南朝北。不要让线条随意穿过已绘制的内容。按照整饰原则后绘制的地物和等高线在遇到已绘出的符号及地物时，应自动断开。

（十八）地形图的检查

为了提交合格成果，地形图经过整饰后还需进行内业检查和外业检查。

（1）内业检查。检查观测及绘图资料是否齐全；抽查各项观测记录及计算是否满足要求；图纸整饰是否达到要求；接边情况是否正常；等高线勾绘有无问题（注意：图外注记的内容，可参见图3-2）。

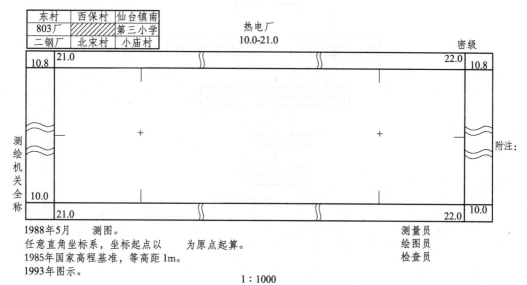

图 3-2　地形图图外注记

（2）外业检查。将图纸带到测区与实地对照进行检查，检查地物、地貌的取舍是否正确，有无遗漏，使用图式和注记是否正确，发现问题应及时纠正；在图纸上随机地选择一些测点，将仪器带到实地，实测检查，重点放在图边。检查中发现的错误和遗漏，应进行纠正和补漏。

五、编写实习报告和技术总结

（1）每个小组需上交的资料。

① 成果表（内容有仪器检校记录、外业观测记录、坐标推算过程表等）。

② 所测地形图（整饰后）。

③ 小组实习报告。内容包括：测区概况、控制网的布设情况（包括平面控制网和高程控制网）、控制网略图、控制点坐标表（包括高程）、小组技术总结（包括实习中遇到的问题、解决问题的办法、实习的心得体会及本组成员的出勤情况等）。

（2）每个同学需上交的资料是实习日志及实习心得体会。

六、工作流程（图 3-3）

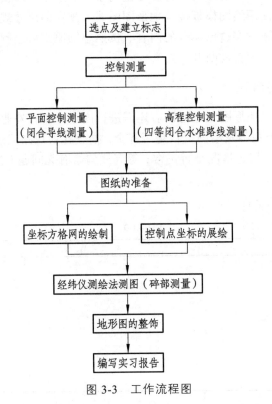

图 3-3 工作流程图

参考文献

[1] 殷耀国，郭宝宇，王晓明. 土木工程测量[M]. 3 版. 武汉：武汉大学出版社，2021

[2] 吴北平，陈刚，潘雄，曾云. 测绘工程实习指导书[M]. 武汉：中国地质大学出版社，2010.

[3] 陈强，高淑照，孙美玲. 工程测量实习教程[M]. 成都：西南交通大学出版社，2010.

[4] 刘星，吴斌. 工程测量学[M]. 3 版. 重庆：重庆大学出版社，2023.

[5] 王雁荣. 建筑工程测量[M]. 北京：中国建筑工业出版社，2021.

[6] 邓明镜，刘国栋，徐金鸿，柯宏霞. 工程测量实训指导[M]. 北京：人民交通出版社，2016.

[7] 曹智翔，邓明镜，等. 交通土建工程测量[M]. 成都：西南交通大学出版社，2014.

附　录

1. 长度单位

（1）采用公制长度计量单位，其基本单位为米（m），与其他长度单位的换算关系如下：

1 米（m）= 10 分米（dm）= 100 厘米（cm）= 1 000 毫米（mm）；

1 千米（km）= 1 000 米（m）。

（2）在外文书籍、期刊文献和仪器说明书中，会遇到英制长度计量单位，其与公制长度计量单位的换算关系如下：

1 英寸（in）= 2.54 厘米（cm）：

1 英尺（ft）= 12 英寸（in）= 0.304 8 米（m）；

1 码（yd）= 3 英尺（ft）= 0.914 4 米（m）；

1 英里（mi）= 1 760 码（yd）= 1.609 344 千米（km）= 1 609.344 米（m）；

1 海里（n mile）= 1.852 千米（km）。

2. 面积（地积）单位

采用公制面积与地积计量单位，其基本单位为平方米（m^2），大范围面积采用公顷（hm^2）、平方千米（km^2），与其他面积单位的换算关系如下：

1 平方米（m^2）= 100 平方分米（dm^2）= 10 000 平方厘米（cm^2）= 1 000 000 平方毫米（mm^2）；

1 公顷（hm^2）= 10 000 平方米（m^2）= 15 亩；

1 平方千米（km^2）= 100 公顷（hm^2）= 1 500 亩；

1 亩（mu）= 666.67 平方米（m^2）。

3. 体积单位

采用公制体积计量单位，其基本单位为立方米（m^3），简称立方或方，与其他体积单位的换算关系如下：

1 立方米（m^3）= 1 000 立方分米（dm^3）= 1 000 000 立方厘米（cm^3）= 1 000 000 000 立方毫米（mm^3）；

1 立方千米（km^3）= 1 000 000 000 立方米（m^3）。

4. 角度单位

常用角度单位是 60 进制的度分秒（DMS，degree，minute，second）角度制，也会用到 100 进制的新度（grade）制和弧度（radian）制。

（1）角度制。

1 周角的 1/360 定义为 1 度（°），以此为单位度量角度，称作角度制。

1 周角 = 360 度（°）= 21 600 分（′）= 1 296 000 秒（″）；

1 度（°）= 60 分（′）= 3 600 秒（″）；

1 分（′）= 60 秒（″）。

（2）新度制。

1 周角的 1/400 定义为 1 新度（g），以此为单位度量角度，称作新度制。

1 周角 = 400 新度（g）= 40 000 新分（c）= 4 000 000 新秒（cc）；

1 新度（g）= 100 新分（c）= 10 000 新秒（cc）；

1 新分（c）= 100 新秒（cc）。

（3）弧度制。

弧长度等于半径的圆弧所对的圆心角定义为 1 弧度（rad），以此为单位度量角度，称作弧度制。在推导公式和计算机编程中，常需进行角度与弧度间的换算。分别以 $\rho°$、ρ'、ρ'' 表示 1 弧度（rad）对应的度、分、秒、弧度与角度的关系如下：

2π弧度（rad）= 360 度（°）；

1 弧度（rad）= $\rho° \approx 57.3$ 度（°）；

1 弧度（rad）= $\rho' \approx 3\ 438$ 分（′）；

1 弧度（rad）= $\rho'' \approx \sim 206\ 265$ 秒（″）。